U0135320

# 羞辱创伤

最日常却最椎心的痛

周慕姿 著

中华书局

图书在版编目（CIP）数据

羞辱创伤：最日常却最椎心的痛/周慕姿著. —北京：中华书局，2023. 11
ISBN 978-7-101-15930-1

Ⅰ.羞…　Ⅱ.周…　Ⅲ.心理学-通俗读物　Ⅳ.B84-49

中国国家版本馆 CIP 数据核字（2023）第 152064 号

i. 中文简体字版 2023 年由中华书局有限公司出版。
ii. 本书由宝瓶文化事业股份有限公司正式授权，同意经由中华书局有限公司出版中文简体字版本。非经书面同意，不得以任何形式任意重制、转载。
　著作权合同登记号：图字 01-2022-4842

| | |
|---|---|
| 书　　名 | 羞辱创伤：最日常却最椎心的痛 |
| 著　　者 | 周慕姿 |
| 责任编辑 | 董　虹 |
| 责任印制 | 陈丽娜 |
| 出版发行 | 中华书局 |
| | （北京市丰台区太平桥西里 38 号　100073） |
| | http://www.zhbc.com.cn |
| | E-mail：zhbc@zhbc.com.cn |
| 印　　刷 | 河北新华第一印刷有限责任公司 |
| 版　　次 | 2023 年 11 月第 1 版 |
| | 2023 年 11 月第 1 次印刷 |
| 规　　格 | 开本/880×1230 毫米　1/32 |
| | 印张 8½　插页 2　字数 180 千字 |
| 印　　数 | 1-8000 册 |
| 国际书号 | ISBN 978-7-101-15930-1 |
| 定　　价 | 56.00 元 |

# 目 录

001　【推荐序】　看见伤，清除耻辱的印记

007　【推荐序】　重获灵魂——心的创伤与修复

011　【序】　写在《羞辱创伤》之前


001　一　伤与痛，是最难忘记的

005　是什么，让我们失去爱自己的能力？

006　我们爱着那些会伤害自己的人

007　创造一个"虚假的自己"

009　**羞辱创伤的伤害**

010　什么是羞辱创伤？

011　"羞辱"大多"有目的性"

012　为什么要谈"羞辱创伤"？

014　"羞辱"比你、我想象的还常见

015　当羞辱像"抓交替"般……

016　所以，羞辱是一种惩罚？！

017　我们批评着那些和我们不同的人

020　羞辱别人，不会让我们变得更强

021　社会充斥要我们合理化或忽略自己感受的"名言锦句"

023　属于自己的咒语，需要自己才能解开


025　**二　羞辱创伤的样貌**

030　**"羞辱创伤"引发的症状**

031　情绪重现

033　情绪调节困难

034　过度警觉

037　退缩麻木

039　惯性羞耻

042　自毁与自我伤害：身体与心理

044　自厌惩罚——自我批评／自我怪罪

046　"自我批评／自我怪罪"与"自省"的不同

048　羞辱创伤最直接的表现：否定自己


051　**父母的羞辱创伤**

052　为什么当别人（孩子）与我们想的不同时，我们就要攻击他？

054　要靠比较，才能知道够好

057 三 羞辱创伤的形式

059 外貌、性格、能力与价值否定
060 包裹在"为你好"下的羞辱，最难以被辨识
061 "逗弄"是隐微且不易辨识的羞辱

063 肢体、精神暴力
063 体罚
066 心理控制
070 当孩子心里，装的是父母的感受与需求……
071 并非要责备父母

074 霸凌
075 教师霸凌
078 唯一一张没有给妈妈看的奖状
079 孩子隐微、难以辨识却又常见的羞辱创伤

083 四 羞辱创伤的影响

086 自我防卫机制
086 战、逃、僵
087 讨好
088 否认
092 "感恩"与"创伤知情"能同时存在

094 "为什么是我？"——自我归因与投射性认同

094　　我会被父母羞辱，是我的错

095　　负面的自我认同：用以解释自己会被这样对待的理由

097　　孩子用"虚假的自我"，求得生存

104　　**我该怎么做，可以不再被伤害？**

　　　　　　**——僵化的防卫机制与因应的生存策略**

104　　僵化的防卫机制：用于面对难以忍受的状态

114　　相信完美才会被爱：隐藏真实的、不够好的自己

120　　当"讨好"成为一个生存策略

124　　上瘾行为：用以代替情绪调节、自我抚慰与联结

129　　**觉得这个世界／他人很危险——对世界的负面看法**

129　　容易攻击别人／自觉被攻击

130　　不想跟世界产生关系

131　　没有同理心

133　　**这世界有可以相信的人吗？有人会爱我而不伤害我吗？**

　　　　　　**——对关系的不安全感**

134　　我害怕站在自己这一边／怕欠别人

137　　害怕被拒绝

138　　靠羞辱别人来抬升自己

141　　**五　我不喜欢我自己：从羞辱创伤到自我厌恶，**

　　　　　　**怎么发生？——关系中羞辱创伤的影响**

142　　**做自己，为什么那么难？**

145　　"做自己被惩罚"的情绪重现

146　　避免强化"内在的负面标签"

148　　**因为羞辱创伤形成的内在负面标签**

162　　**内在负面标签、羞耻感与假我的关联**

163　　使用"假我",很难避免"说谎"

164　　失去感觉爱与联结的能力

166　　**因为羞辱创伤而造成的"重复性生命脚本"**

166　　牺牲自己,换取关系——爱情创伤

172　　你是否会让我失望?——权威创伤

179　　**六　当我们陷入羞辱创伤而过度努力**
　　　　　　　　**——没关系,还有我爱你**

180　　**阶段一:探究你的羞辱创伤——伤口被看见,才会被疗愈**

181　　"自我悲悯",让自己能够前进

183　　我曾经遭遇了什么?

186　　淡化与合理化的影响:停止把注意力放在对方身上,而是要关注自己

188　　**阶段二:哀悼那些你所失去的,了解不是你的错**

190　　哀悼的步骤

191　　学习自我悲悯

196　阶段三：撕下你的负面标签——重述属于你的这个故事

199　阶段四：情绪调节的练习与重新建立

　　　——面对情绪重现，我可以怎么做？

203　情绪重现造成的关系伤害与信任重建：重新当自己的父母

206　阶段五：与唱衰魔人对话

207　平等、尊重地跟唱衰魔人对话

208　很多时刻，唱衰魔人是想保护我们

210　建立"自我安抚"与"温柔的讲话方式"

211　阶段六：与人互动

211　与他人的关系——建立亲密

212　当我们失去学习建立亲密关系的机会……

216　如何建立健康的亲密关系？——学会建立界限与尊重彼此

226　当我有羞辱创伤，怎么做，才不会延续？

226　当我发现内在的负面标签——练习与觉察

228　当我发现我将羞辱创伤丢到别人身上

245　一起把内心那个"好的自己"找回来

　　　——你知道吗？这不是你的错

# 看见伤，清除耻辱的印记

知道周慕姿始于《情绪勒索》。

二〇一七年，"情绪勒索"成了热门词汇，我才注意到这是一本书，且竟然是宝瓶文化出版。好奇之下，我翻阅网络简介，原来她担任乐团主唱，而且是重金属乐团。我阅读着文字简介，心中往事浮想联翩，我想起自己的学生山。

山热爱聆听死亡金属，也担任重金属乐团鼓手。当年，我已经三十五岁了，听这音乐觉得"不妥"，从歌词到乐曲都"欠当"。我希望山不要再听、不要再玩这种音乐了。

山反而质问我，什么是好音乐。我装得理直气壮，却支吾其词地回答，譬如听来舒服的古典乐。山却告诉我"舒服"是个人感觉，审美也是个人感官感受。有人听不下去古典乐，但是，有人听了"死金"却感动。

我知道自己有很大的局限。

　　山教我怎么听活结（Slipknot），听那唱腔，看那华丽造型，他说自己感动得掉泪。我其实耳膜快破了，心脏也不能承受，但是，我可以懂得他的话，只是距离我非常遥远，所以日后他到台中公演，我人虽然去为他捧场了，但是却站在人群之外。他满身大汗淋漓，如此投入他的音乐——那个我不理解的世界。

　　山是我教育路上的导师，所以看见慕姿玩重金属，又是专业的心理师，心里挑起丰富的况味，我下单成了她的读者。我买过慕姿的书，除了《情绪勒索》《过度努力》，还有受赠的《关系黑洞》。我深深赞叹慕姿，她具有一种独特的说故事与分析整合的能力，能将某种模糊的、难以名状的生命状态，清晰且有条理地归纳，印证以生活中的案例，予人重重的冲击与反思，引人在生活中增添觉察。

　　《羞辱创伤》也是这样的一本书。

　　慕姿整理了诸多概念，汇整成生命中各种情境，写出了同为创作者的我写不出来的深刻经验。

　　一般人并不大明了，成长中各种形式的对待，其实已达到"羞辱"的层级，有些隐形的语言伤害、以为对人好的各种安慰、那些发心善意的语言或是照顾者本身心灵的恐惧，造成了人们日后的身心反应，都是羞辱创伤的一部分。

　　书中有位女孩，被妈妈指责为拖油瓶，女孩努力让自己不添麻烦、努力去解决别人的麻烦，她牺牲自己、没有需求，照顾着每个人。长大后，女孩恐惧着被抛弃，凡事都归咎于自己的责任，那怎么会懂得爱自己？

我看着就想到了好多人，不都是这样远离自己？与自己陌生得难以靠近？

慕姿在书中提及自己的经历，她被"钦点"选举全校模范生代表，但因全班选她的仅有一个男同学，于是老师请全班同学轮流上台，陈述慕姿"为什么不适合当模范生，让她好好检讨"。

读到这里，我心被狠狠揪了一下。当天坐在班级里的女孩，既承受着老师"钦点"的好意，又承受着同学轮流的批评。我感觉身体被枪支扫射，心里也被捅了个大洞。

这是个什么样的场景？

慕姿很坦然地揭露："我想起当时的感受，那种被老师羞辱、自己不够好的羞耻感、对同学与老师的愤怒与受伤，以及看着同学的眼泪而出现的罪恶感……这些非常复杂的情绪，像海啸一样，一下将我淹没，最后，我感觉到的只有麻木感、想躲起来的退缩，还有对世界与人产生极大不信任的感觉。"

我想起工作坊中，诸多成人的回溯，还有好多孩子的伤。

我也想到自己的过去：小学时候因为不写功课，带着弹珠到校玩耍，老师在课堂谈到童玩，当场要我展示弹珠技巧，随着又讽刺我只顾玩耍，要我到教室后半蹲。我在教室蹲了两堂课，蹲到手脚都颤抖，蹲到同学笑着调侃。我从得意的欢乐里，掉入羞辱无耻的深渊。中学时因物理考试考了五十九分，差一分就及格，我被老师当众叫到台前，在头顶剪了硬币大的光头，然后，一整天在学校度过，同学忍不住嘲笑着，直到回家，我剃光整颗头。

那种耻辱的印记经年犹存，让我对世界产生害怕，不只对世界不信任，对自己也不能相信。

长久以来，我失去爱自己的能力，我又怎么懂得爱人？

当人曾受羞辱创伤，面对不同的观点，面对未满足的期待，可能都会挑起心中的伤口，在反应上出现不当惯性，对于自身出现的情绪，也可能不知如何应对，让这些伤害延续下去。

慕姿列出的这些状况，陈述的这些画面，都很深刻地挑起人的经历和体验。在这些概念与案例里，读者很容易重新看见自己，这是一种觉察的方式，也是疗愈的开始。慕姿更进一步，在书的最后部分，提供了很多方法，邀请有如此经验的人，讲述可以如何面对自己，一步一步走上疗愈之途。

我想起当年玩团的山，他钟爱聆听与演奏"死金"，不仅挑起我复杂的感受，我们在观点上的差异甚大，也不符合我对他的期待，但是，我最终接纳了他。是因为当年我已进入学习，学习如何认识自己，如何了解自己的过去，如何面对我的家人、学生与朋友们。如今，慕姿这本《羞辱创伤》，正如我当年参与的学习，以这么贴切诚恳的阐释，带领读者认识自己，学习懂得爱自己。

很感谢慕姿的创作，那是我能力难及之处。因为她的出现，让很多不易表述的面貌，清楚、简单地呈现在眼前，为人们带来更多的看见。

李崇建（萨提尔成长模式推手）

# 重获灵魂——心的创伤与修复

　　从遭受羞辱后的行为表现到迈向疗愈的方法，周慕姿心理师再次发挥她过人的才华，对这个长久在许多人心中隐隐作痛的创伤议题，做了全面性的介绍。

　　羞辱是亲密关系的杀手，这在临床中，几乎是随处可见的现实。当它被用来对待孩子的时候，它所带来的创伤回忆会让人受困在童年的时光——一种即便身体长大了，仍对自己的生命经验无法客观看待的停滞现象。其最致命处，在于使人无从寻获自身的意义，它是一种被完全击败的体验，因而使人置身于黑暗中。

　　饱受此经历所苦恼的当事人，有时甚至会表达自己似乎失去了"灵魂"，因此无从感受到日常生活的神圣性，或者体验到那些基本的生存意义。

　　换言之，当事人失去了对整体性（wholeness）的感知，从而变得支离破碎。没有能力抵御羞辱的孩子会因为羞愧与自责，造成情感与事实之间的"分裂"，并让我们产生作者在书里所描述的各种僵化的自我防卫机制。而用神话的语言来说，就是让人身陷地狱。

但丁在《神曲》中用过这么一段话描述地狱之门："进来此处的人们，你们必须把一切希望抛开！"为什么？因为受创者的人格核心已经被层层防卫给包裹，完全失去了可以选择的自由。没有自由，就无所谓希望。

在我的经验里，遭受羞辱创伤的当事人不仅会在脑海中重复播放事件发生时的场景，甚至还会用相同的语言来自我羞辱。他们自厌、自毁、对类似的情境过度防卫，从而让自己在人生的种种可能性面前裹足不前。

他们在另一半面前总是缺乏自信，觉得自己没资格升迁，自己的成就只是运气好。他们过分地谦卑了，或者反过来，总是表现得像一个自大又不懂得同理他人的混蛋。

羞辱不仅如书中所说的是一种惩罚，也常常被当成一种武器，在所有权力不对等的情境下攻击和传播，例如：亲子、师生、职场以及网络。后者最常以匿名羞辱的方式来贬低他人的人格，从而造成程度不一的创伤。这点，尤其值得社会大众注意。

在阿拉伯著名的传说《一千零一夜》中，冒险英雄辛巴达就曾遭遇这种令人绝望的创伤处境。故事描述他的妻子去世，根据当地风俗，他必须和去世的妻子一起被丢进地底的巨大尸坑中等死。那个不见天日的黑暗之处将会扭曲我们的时空感，使自我永恒地停留其中。辛巴达必须孤单地面对自己的创伤。

这则故事象征性地描绘了创伤幸存者的心境，它犹如内在配偶的丧失（用荣格心理学的语言来说，就是阿尼玛或阿尼姆斯），当事人却在还没来得及完整哀悼时就被社会给抛弃，只能在尸坑中等待死亡。其实我们周遭并不必然只有恶意的眼光，但羞辱带来的愧疚感，却让我们成为了自身假想情境的孤儿，觉得自己没有资格被爱、我很糟糕、我不值得。

周慕姿心理师因此在书中提出了"疗愈六阶段"，在我看来，其要点在于处理那个被我们内化的加害者。如果不能从内部中止那个压迫自己的对象，自我状态的稳定、健康的内在对话与人际关系就很难建立起来。

对创伤幸存者的心理教育是重要的。这一点，这本书对羞辱所造成的创伤反应提供了极为全面的介绍。但是，社会支持的提供，也同样重要。因此我们应该对他人抱持着健康的依赖，在行有余力之时，也努力地成为他人可以健康依赖的对象。

在但丁遍游地狱之时，是诗人维吉尔陪伴他层层下降；当他离开时，则是爱人贝雅特丽齐带他前往天堂。从故事分析的角度来看，正是社交网络对当事人的接纳，缓和了他们的痛苦。

我不想在此处奢谈创伤后的转化，因为治愈的过程其实更仰赖行动的介入。当事人试着重建社交网络的同时，社会中的每一个人也可以试着让自己变得更加宽容，因为一个有爱的社会才能接住每个受过伤的孩子与大人。

正如你可能听过的林投姐传说那样，女主角李昭娘最终在无人帮忙的孤独处境下，掐死了自己的孩子，自缢于林投树上，从而成为厉鬼。

这则传说诉说的，是创伤经验往往会污染整个人格，那是人与"恶"过于靠近所带来的后遗症。

羞辱会借由代际传递或权力运用，重新施加在任何一个孩子或无辜者身上。阻断它，不仅是为完善这个社会付出了一份心力，同时也常会涉及个人阴影的收回以及对内心情结的认识。而这一切不是荣格心理学所追求的"个体化"，又是什么呢？

行文至此，读者或许会好奇辛巴达最后怎么逃离这个巨大的尸坑吧。在那里待了不知多长的年月，辛巴达才终于在一只动物的带领下，找到了山壁上的出口。在童话故事里，动物往往是灵魂的象征。失去灵魂、无法言语、置身黑暗的创伤幸存者，终于在漫长的迷失之后，修复了自身，潜意识为他送来了一只代表灵魂的动物。在这个原先没有出口的黑暗之地，辛巴达终于找到了通往大海的门。

愿所有因各种形式的羞辱而背负创伤之苦的人们，都能因为这本杰出的作品，再次与自己的灵魂相遇，再次通往自由的大海。

钟颖（心理学作家）

# 写在《羞辱创伤》之前

写《羞辱创伤》这本书时，不免自己、身边人的过往创伤经验，像走马灯一样跑进我脑海。在我写到"教师霸凌"时，刚好许多人和我分享这类的经历，而这类羞辱创伤所造成的自我怀疑与痛苦，很多时候对我们的影响极为深远。

我自己曾有个经历：

小时候学钢琴时，遇到了一个很严厉的钢琴老师。当然，在那个时候，许多父母都会跟老师说："如果我的孩子不乖，请尽量教、尽量打。"现在想来，这样的说法，除了与"不打不成器"的文化有关之外，也是父母想要让老师知道："我是一个明理的父母、会好好教小孩，不是那种会为了溺爱小孩而不管他的父母。"

也就是说，父母说出这段话，代表的是自己很负责任、舍得让孩子"吃苦"，以换得更好的未来，而不会溺爱小孩，造成别人的困扰。

所以，我妈妈不免俗地也对老师这么说，而老师也没客气。当时我报考的英国皇家钢琴检定，在听力相关的主题上要求很高。如果你没有绝对音感，几乎是无法通过的。同时间有一个孩子与我前后上课，他是一个很认真、琴弹得非常好的学生，但因为没有绝对音感，在听力的练习上，非常吃力。

我印象很深刻，每一次，老师让我们一起做模拟测验时，答不出来的他总被老师"修理"：用尺打、把琴谱摔到他身上、推打他、辱骂他……那过程对于还是小学生的我来说，是非常可怕的，即使我只是一个旁观者。如果连我都觉得那么可怕，那对于承受这些的他来说，是多么令他恐惧的经验？

但是，父母并不清楚这个过程。当他的父母来接他时，总是谢谢老师认真的教导；希望老师可以对他再严格一点，因为父母希望他未来可以出去学音乐。

某次，在他答错问题，老师辱骂着他："你是猪啊！""你怎么那么笨，这么简单的东西都不会。我教狗，狗都会了！""弹琴好有什么用，耳朵根本是废物！"一边说着，又一边推了他，"砰"的一声，他摔到地上，就在我的面前。

我正要去扶他，他自己站了起来，一滴泪也没掉。

我看着他的脸，那是没有灵魂的表情。

现在想起，或许那就是在巨大的羞辱创伤之下，他关掉自己的情绪，让自己没有感受、像傀儡一般，让自己忍过这段时间，努力生存下来。

　　读到这里，可能很多人会说："这老师根本不适任、他有问题，应该要换掉他才对！"又或者会好奇，为什么这老师的学生，包含被伤害的他与我，我们都没有跟父母说过这个老师教学的情况？

　　我猜，对他与对我来说，我们都以为：做错事被伤害、被羞辱是一件很正常的事，那是老师在花力气"教我们"。如果跟父母说，父母可能不会站在我们这一边，还会责怪是我们没做好，而且"不懂得老师的用心"。

　　于是，我们都闭嘴不说，以免再遭受一次不被理解、被指责是"你的错"的羞辱创伤。这其实就是世代累积的羞辱创伤所造成的"约定俗成"——社会共同忽略他人的感受，"感受"仅为上位者、有权力者服务。而在这个创伤经验中遭遇过的伤痕与羞耻，就这样埋藏在我们心中，成为啃噬我们自我、怀疑自我能力与价值的养分。

　　现在的我，看着这个老师，或许他也是羞辱创伤的受害者，或许他以前学钢琴时，也是被这样对待，所以他认为这么做是为我们好、是正确的。

　　也许他有他的理由；也或许，这的确是文化造成的，是一个共犯结构。

　　但此时，我只想对着那个曾被伤害过的孩子说：

那真的不是你的错，你没有做错任何事，不应被这样对待。

当你翻开这本书，或许你也有类似的经验，对象可能是父母、老师、同学、上司……

在这过程中，我想邀请你，在当时你或许没有机会照顾自己、站在自己这一边，但当你现在重新经历，甚至重新感受过往的回忆涌起、情绪升起的时候——

请你试着站在自己这一边，对自己说：

"是很糟糕的事情发生在我身上，而不是我很糟糕。"

这句话，我们都要记得。

我也期待这本书，有机会能让大家留意到"羞辱创伤"对孩子、对人的长期人格与心理、生理伤害。一旦我们有机会去看见、理解，才有机会调整与改变。

而社会，就有机会变得不一样。

走上这条疗愈之路并不容易，希望我的书，能够陪你一程。


注1：提醒大家，书籍只是辅助，当你读了这本书，发现使用里面的方法时，若仍然难以跳脱被拉回过往羞辱创伤的情绪重现经验，建议你寻求专业的心理协助，对你的帮助会更大。

注2：本书所有案例皆大量改编，并经过本人同意。如有雷同，纯属巧合。

# 一 伤与痛，是最难忘记的

带着这些自我怀疑、自我厌恶的"羞辱创伤"，我们离真实的自己愈来愈远。
只望着那些伤害我们的人，期盼着他们的爱；或者是，只期盼离他们远远地，不被伤害。

他永远没办法忘记那一天。

年假时节，父母带着他去"走春"。当时的他忘了被什么吸引住，停留在原地不肯走。

父母急着去下一个地方，用力拉着他走，他也拼命拉着栏杆不想离开，只想再待久一点。面对不顺从的他，爸爸一个巴掌过来："你走不走！"

打得他晕头转向，眼冒金星。小小的他，想着："我不要输给你们，我才不哭！"硬被抓上车的他，咬着唇、握着拳，就这样，在整个路程中，他一句话都不说。

回到家，父母吼他、骂他，他都没说话。妈妈生气地看着他，受不了他的倔强，忍不住说：

"养你真辛苦，养条狗都比你好。"

听到妈妈的话，他没有掉一滴泪。但他知道，有些东西碎裂了，在他的心里。

于是，他做了一个决定："我要让自己没有感觉，这样我才不会受伤，才不会痛。"

那年，他才七岁。

在她两岁时，爸爸过世了，她的妈妈嫁给了另一个男人。没有多久，生了个弟弟。

她的姐姐大她几岁，长得很可爱。妈妈再嫁时，安排让姐妹俩被亲戚领养走，但当时长得瘦小、不起眼的她没有被相中，妈妈只得带着她再嫁。

从小，妈妈就让她知道，她是个拖油瓶，能赏她一口饭吃，已经是继父宽宏大量；妈妈还告诉她，她长得不可爱，不像姐姐可以被领养。如果她不乖，不会有人要她，她只能去孤儿院。因此当别的小孩玩着玩具时，小小的她，就懂得打扫家里、照顾弟弟，拼命表现出自己的用处。

"如果我这么有用，你们就不会抛弃我了吧？"

虽然看着弟弟被爸爸妈妈宠爱着，非常羡慕，但她想着：

"只要我很努力，让大家都可以过得开心，照顾好每个人，我就可以被重视、被爱了吧？"

于是，她努力让自己不添麻烦，甚至努力去解决别人的麻烦，她牺牲自己、没有需求，用她的好照顾着每个人。

当有人称赞她时，她觉得自己就多了份安心，她就离"被抛弃"的可能性，再远一点。

拿自己讨好每个人，让每个人开心，自己则没有情绪、没有需求，就是她让自己不被抛弃的方式。

学会这个方法的那年，她才五岁。

每一次听到车子的引擎声离家愈来愈近时，他就觉得害怕。

那代表，爸爸要到家了。

"不知道今天的爸爸，心情是好还是不好？"听到很大力的关门声，他知道今天的爸爸情绪一定不好。他瑟瑟发抖，想着是不是应该离开家里，去找朋友玩。

正想着，爸爸就无预警地冲进他的房间："你为什么玩完玩具都不收拾？满地的玩具，害我踩到，你是故意的，对不对？"

都还搞不清楚状况的他，突然被没头没脑地打了一顿，爸爸随手拿起刚解下的皮带，劈头就是一阵毒打。

他哭喊着："我不是故意的，我不敢了，爸爸不要再打了！"

这时候，外面都没有声响，妈妈跟弟弟应该都躲着没有出声吧？

打完他，发泄完在外的挫折与不满情绪的爸爸，终于离开他的房间去浴室洗澡。哭完的他，躺到床上沉沉睡去。睡着之前，模糊地想着，班上有一个同学，每次有同学绊倒他，他都会乱叫，还会跑去跟老师打小报告。看起来又弱又讨厌，而且又爱叫，明天一定要去收拾他。

想到明天可以跟朋友一起玩，一起捉弄那个弱小的同学，他的心中就升起一种莫名的快感，那种残忍让他忍不住嘴角上扬，因此即使知道欺负同学是不行的，他还是想做。

他没有发现，这时的他，已经知道"拳头大的人是大爷"；

他不晓得，被爸爸这样对待的过程中，让他认为："因为我弱，所以爸爸打我，我没办法反抗，也不会有人来救我。"

于是，他的心默默帮他决定，只有把自己变得更强、更有力量，让自己可以去欺负弱小的人，他才不会觉得现在面对爸爸的暴力对待毫无招架之力的自己，是那么地无助、可怜、无力。

"谁叫他那么弱，活该！"他边想着，边进入梦乡。

这时的他，只有十岁。

## 是什么，让我们失去爱自己的能力？

这几年，"爱自己""心理""自我照顾"这些主题，愈来愈被大家重视。许多人开始知道，"照顾自己""了解自己的情绪""接纳自己"是很重要的事情，但也有一些人发现：要执行时，却是如此的困难。

什么是"爱自己"？

买好东西、吃好餐厅犒赏自己，是吗？

愿意花钱在自己身上，是吗？

我们苦于摸索着"爱自己"的方式，却在这过程中，发现原来自己如此陌生，难以靠近。

我们可能不知道，不知道该怎么照顾自己。怎样才叫做"自我照顾"而非"自我沉溺"；什么叫做"自我肯定"而非"过度自恋"；

什么叫做"愿意提出需求"而不会变得"自私"或"巨婴"。

明明身体已经长大成人，但我们的心，却还像孩子般，摸索着自己应该长成的样子，还有与世界、他人该如何相处。

即使头脑知道"应该要探索自己的感受""要尊重自己""学会尊重自己与他人的界限"……却发现，这些道理，似乎知易行难。

难的是：

"如果我从来没有被好好对待过，我要怎么学会好好对待自己，而不会太过或太少？"

"如果我的心，从来没有放在自己身上过，我要怎么可以开始'爱自己'，而不会觉得有罪恶感？"

"如果我一直讨厌原本的自己，要怎样才能喜欢上他／她？怎样才能善待他／她？"

这些困难，在许多人的心中，不停低回着。

## 我们爱着那些会伤害自己的人

有些悲伤的事实是，当我们从小没有被好好对待过、爱过，我们真的会不知道怎么爱自己。

有许多人，就跟我前面举的例子一样，在童年出现太多的创伤；那些伤痛刻在心中，一笔一画，成为我们心中的痛，却也让还是小孩的我们，内心深处无意识地怀疑着：

"难道是因为我不够好、是我的错？所以你们才会这样对待我？"

带着这些自我怀疑、自我厌恶的"羞辱创伤"，我们离真实的自己愈来愈远，只望着那些伤害我们的人，期盼着他们的爱；或者是，只期盼离他们远远地，不被伤害。

## 创造一个"虚假的自己"

有些人，为着那些伤害过自己的人，尽其所能地努力着，只想要得到他们的肯定和爱，却没发现，当我们的眼光都在他人身上、自己的力量都用在别人身上时，自我终将愈来愈小，以至消失无踪。

有些人，则是害怕、甚至恨着那些伤害过自己的人，只想尽其所能地离他们远远地，但内心深处，却也默默相信着："只要与人亲近、让自己有感觉，就会受伤；而且，这样的我，是不可能得到爱的。"

特别是，若伤害我们的是父母，我们更难消化、更难相信自己值得被爱。

因为，如果连我们的父母都不爱我们、会伤害我们，还有谁会爱我？不会伤害我？

为了不再遭受这样的痛楚，我们找到属于自己的生存策略，不论是讨好、攻击还是没有感觉的疏离……我们用这些方法，创造出一个"虚假的自己"，让自己戴着这个面具，可以离真实的自己远一些，也可以离自己的感觉远一点。

我看到许多人，就困在这些过往的"羞辱创伤"中，失去感觉，也失去爱人与爱自己的能力，当然更没办法和他人、和自己建立健康的关系。

要不，就是心中全部都只有他人；要不，就是只有自己。

在焦虑与害怕中，我们不知道如何安放自己；有时候，也失去了生活的意义。

童年经历的"羞辱创伤"，对我们的影响就是如此巨大。

当我们为了赢得那些羞辱我们的人的认同，想大声对他们吼出"我才没有不好"而过度努力，以及拼命想把自己变得完美时，我们付出了怎样的代价？

## 羞辱创伤的伤害

不知道你是否有这样的经历？

在日常生活中，可能是与伴侣、家人，甚至职场或人际的互动时，发现因为对方的一句话，或是一个互动的场景，突然就引发你的焦虑、愤怒挫折或是忧郁自责等相关的负面情绪。

在情绪的当下，你感觉非常差，好像"天地化为零"，只剩下你和这个感觉共处；而你对自己的感受、对世界的安全感，变得非常糟糕，就像困在一个黑暗的洞里，你不知道该怎么逃出去。

有时，带着这个感受，你可能会去攻击让你产生这个感受的人，甚或带回家伤害亲近的人；也有可能，你谁都没有攻击，只攻击产生这样感受的你自己。你充满自我怀疑与厌恶，讨厌着有这样情绪感受的自己，也害怕别人讨厌这样的你。

或许，你因而逃避这样的感受，逃到社交软件、手机游戏，甚至是食物、酒、性、药、购物……当中。

如果你发现你有这样的状况，很有可能，你正是遭遇过"羞辱创伤"的幸存者之一。

## 什么是羞辱创伤？

"羞辱创伤"是我观察到华人社会的一种常见现象，存在于文化当中，影响我们极为深远。而本书所定义的"羞辱创伤"，基本来说就是"复杂性创伤后压力症候群"（CPTSD）的其中一种样貌。

所谓的"复杂性创伤后压力症候群"（CPTSD）与常听到的"创伤后压力症候群"（PTSD）有其类似与不同之处。最大的不同是：造成 PTSD 的创伤多半较为单一，例如巨大灾难或意外，为单一次的创伤事件；而 CPTSD 为一连串的创伤事件所造成，时间更为长期、具有持续性。

本书所指的"羞辱"，是使用一些手段，贬低、压抑一个人的人格特质或自我价值，乃至影响到对方的自尊、对自我的看法，因而使对方感受到羞耻，觉得自己很糟糕。而"羞辱创伤"，就是在这些羞辱中被伤害时所累积的创伤经验。羞辱创伤者都有多次被羞辱的经验，因而造成我们心理、生理的影响，甚至引发身心症、各种生活适应不良或僵化的防卫机制与生存策略，影响我们与他人的关系。

也就是说，"羞辱创伤"这类的羞辱，多半具有连续性，可能有一次让我们印象很深刻的经验，但在生活的其他时间里，这些"羞辱"，隐微或直接地出现在生活中、在互动的经验里。

## "羞辱"大多"有目的性"

在我的咨询案例经验中发现，这类"羞辱"大多是"有目的性"的。也就是说，施行"羞辱"，可以让施行者达到某些目的。因此，常看到权力位阶高的人用于权力位阶低的人，或是在人际关系中，以贬低、压抑对方的方式勾起对方的"自我感觉不良"的羞愧感，借此达到自己的目的，让对方可以按照自己的方式做，从而控制对方、让施行者获得控制感。

也就是说，"羞辱"的确是一种"攻击"，时常用在"展现权力""控制他人"，甚至是让施行者"自我感觉良好"，可以借由羞辱他人，感受到自己是有力量的、可控制他人的，甚至可以摆脱自己的羞愧感与得到成就感的。

可以让施行者觉得"我是比你好的，你是差的"。

那种施行的快感与残忍，是存在于施行者心里的。这个快感，却也是用以抚平施行者内心突然升起的"羞愧感"或"自我感觉不良"的心情。

这正是"羞辱创伤"受害者的常见情绪——他们有着复杂性创伤后压力症候群者的特征。

也就是说，对他人施行长期羞辱、想借此控制他人的"施行者"，很多时候，很有可能也是困于羞辱创伤的受害者。

因此，"羞辱创伤"可以说是所谓的"复杂性创伤后压力症候群"（CPTSD）中十分常见的一种形式，从童年开始，造成我们难以修复的身心伤害。

## 为什么要谈"羞辱创伤"？

是否要用"羞辱创伤"这么沉重的词，我其实犹豫很久。

特别是谈到羞辱创伤，很难不谈到童年、谈到主要照顾者与权威，特别是父母与学校老师互动的经历，对我们造成的影响。

身为一个助人工作者，写书最终的目的，还是希望能够帮助大家疗愈自我与修复关系，那么当谈到"羞辱创伤"，用这么重的词定义我们过往的创伤经验，而这个创伤经验在我们的文化由来已久，是否会与"情绪勒索"一样，被误会我又要鼓吹大家讨厌父母、制造对立？

我认为，不论是"羞辱创伤"或是"情绪勒索"，其实都是"关系创伤"的一种。但"关系创伤"这件事，之所以难以修复，是因为在社会中，我们很难没有压力地谈。

你会发现，如果你尝试在社交网站上分享你以前有关"关系创伤"的经历，例如被羞辱、被情绪勒索、被控制，而羞辱你、控制你的对象是你的父母、老师、伴侣之类，当你分享出来，必然会有在这个位置上的人，跳出来责骂你。

　　读到这里，你有没有发现一个盲点，那就是："可是我分享的是我的经历，你不是我的父母，也不是我的老师或是我的伴侣，为什么你要批评我、羞辱我，来否定我的经历？"

　　因为，当我们带着羞辱创伤，对于被批评、自己做得不够好的线索，会相当地敏感，与人的界限也会不清；在听到这样的经历，而我们没有清楚的界限时，就会很容易对号入座，感觉被责备的羞耻感上升。具有权力位阶较高的人，会使用他们平常最常用来控制他人、孩子的方法：羞辱、攻击对方。最常见的，就是不愿理解对方、无同理心的批评与责备。

　　因为他们对羞耻感的恐惧，让他们必须用这么大的力量去"消灭"说出创伤的这些人，借此维持自我感觉良好。

　　而这些人，一定也曾是"羞辱创伤"的幸存者，因此他们才会知道：原来这样做，是可以伤害与控制别人的、是可以让自己有力量的。

　　然后他们学了起来，用来保护自己。

　　进行心理咨询工作时，我发现有许多人，虽然看似生活适应良好，童年也似乎没有遭遇过巨大创伤，但具 CPTSD 症状的人却是如此之多，让我不得不注意到这件事，开始发现"羞辱创伤"的存在。因此，我认为仍必须将这件事、这类因文化与习惯而存在的创伤指出，虽其由来已久，但希望我们能够因而发现、觉察，停止复制，并从中开始改变。

羞辱创伤隐身在我们的文化习惯中，虽是隐性，却是几乎每个人都有遭遇过的创伤，因此不容易觉察到，也容易因为约定俗成而持续。但若有一个人开始觉察与改变，就会影响周围的人，慢慢地，"羞辱创伤"就有机会从我们的文化中消失，走出我们，以及孩子们的生活。

这是我最期盼的。

## "羞辱"比你、我想象的还常见

可能有些人会想："还好吧？一般人会随便去羞辱别人吗？那是有问题的人才会做的事吧！"

但事实上，"羞辱"常见于我们的生活中，而且我们时常没有意识到。

常见的一种样貌，就是"轻蔑式的批评或责备"。

韩剧《来自星星的你》一开始有一个情节：

女主角千颂伊在社交网站上分享了一张自己喝摩卡的照片，并且写下一段文字，大意是："感谢带摩卡种子回韩国的文益渐老师。"

她的这句话引爆了社交网站，因为文益渐带回来的不是摩卡种子，是棉花种子。社交网站上的留言有许多骂她蠢、嘲笑她的无知，各种"有创意"的骂法，成为大家参与这个热搜活动，甚至是展现自我优越感的方法。

这种"轻蔑式的批评"，在别人犯错时批评对方，甚至轻蔑、做出人身攻击等等，不仅是伤害对方、毫无同理心的表现，更明显的是，做出这件事，其实是可以感受到自我的优越感，那就是"我批评你、羞辱你，因为我比你好"。这种批评与轻蔑，不会只停留在"该事件本身"的评论，而是很容易沦为对一个人整体人格特质的否定。

因此这类的批评，有时会相当残忍而毫无同理心。但是当事者不会有这么深的感觉，反而会觉得"这是对方应得的"或是"讲这些话代表我妙语如珠"。

为什么会这样？这代表这些人都是没有同理心、很残忍的人吗？

## 当羞辱像"抓交替"般……

事实上，大多会发生这样情况的人，日常生活中可能也是个温暖、会安慰别人的人。会有这样的反应，除了因为群众效应，"大家一起做比较不会有罪恶感"；还有对名人的投射："你这么笨，居然还可以当名人"。这种对于"错误"的难以饶恕与洁癖，其实常常是遭受过羞辱创伤的人对待自己与他人的方式。

因为，在我们的文化脉络，以及对于遭受过羞辱创伤的人来说，"错误"是需要惩罚的，而该被惩罚的人，如果又处在被动的位置，例如社交网站上——当我知道那些名人"他是谁"，而他却"不知道我是谁"，因此我就可以处在较为有力量的高处；若我所做的行为不会被暴露、不会有什么后果时，隐藏在我心中、那个曾被羞辱的伤口，就会像"抓交替"一样，找到下一个可以被我羞辱、控制的人，然后我会无同理心地伤害他。

就像我以前被伤害一样。

而我也能从这样的过程中，感受到自我的力量与自我感觉良好，还可以与这些骂在一起的人，形成一种有归属感的团体。

这是比要花时间经营关系、努力找到自己能做的事情而成就自己，来得简单得多的事。

## 所以，羞辱是一种惩罚？！

亚洲多地的文化，讲究孝道、权威、阶级，且还在习惯"人人平等"观念的社会中，"羞辱"是一种十分常见、关系中拥有较高权力的人对于另一方的控制方式。特别是关系中权力位置较高者，通常拥有定义对方的权力，而"犯错洁癖"更是我们文化中常见的窠臼。

因此，当权力位阶低的人犯错时，为了要让对方"不再犯错"，不再造成权力位阶高者的困扰与不方便，"羞辱"就成为一种最常被使用的工具，用以惩罚那些不够"体恤上位者"的人的手段。

因此，"当你做错事时，我需要处罚你。唯有羞辱你，才能让你记得"，这个法则，就成为我们文化中习以为常，且理所当然行之的"惩罚错误"的手段。

而如前文所提，"羞辱"是一种伤害人格自尊、自我价值与影响对他人及世界信任感的方式。被羞辱的人，很难忘记那种感觉，那是一种觉得"很糟糕、很丢脸、很想把自己藏起来"，混合恐惧、挫折、无力、羞愧与罪恶等复杂的情绪。

为了避免这样的情绪重现，我们会尽可能地避开这样的场景与可能性，因此，减少尝试新事物或犯错被惩罚的可能性，甚至在此情绪升起时，先去羞辱、惩罚他人，如此可以逃开"羞辱创伤"的"情绪重现"，就是我们时常会使用的方式。

而这也是"羞辱创伤"在许多文化中会一再重演的原因之一：那些曾经遭遇过"羞辱创伤"的人，会学习这种让我们感觉到无力、挫折的方式，用以对付其他和自己一样脆弱的人，借此让自己感觉到"我和以前不同了""我不是那么脆弱的""所以我要惩罚那些和我以前一样脆弱的人，这样我就摆脱它了"。

## 我们批评着那些和我们不同的人

另外，我也经常看到一种情况：

一旦在社交网站或日常生活中，当有人与自己意见相左、看法或做法不同时，有些人会因为觉得被冒犯而生气，即使对方可能只是提出自己的看法，并没有批评或贬低他人的意思。

若在社交网站上，可能就会出现笔战；若在日常生活中，端看与意见不同者之间的权力位阶关系。

如果一方是处在比较高的权力位阶时，有些人可能就会羞辱对方的想法、做法或选择。

例如："你怎么会喜欢这样的东西？这很没品位！"

"你们现在小孩就是都花时间看这些真人秀，才都会荒废学业。"

"你怎么会这样处理事情？是傻吗？"

"会穿那种衣服的人真的很奇怪。社会风气都被这些人败坏了。"

甚至会尝试"以偏概全"，借由一点小迹象就直接否定对方的人格，这也是很常见的羞辱形式：

"像那种会让小孩穿这么少衣服出门的妈妈，一定都很不负责任。"

"生完小孩就马上想去工作，根本就不顾家庭，不养就不要生啊！"

"那些没结婚、没生过小孩的，一定不懂经营婚姻、生儿育女的困难，只会讲风凉话。"

也可能，当对方因挫折而陷入低潮时，有些人会批评对方的感受，例如：

"连这点小事都那么难过，抗压性这么低，以后该怎么跟人竞争？"

"你就是这么玻璃心，所以才会什么事都那么敏感。"

"你就是想太多了，要学会放下。"

于是，我们的一言一行都被人监视着、批评着，被羞辱的言语给捆绑着，让我们愈来愈不敢展现自己，也愈来愈不敢相信自己的感觉。对于自己的人生，我们甚至只想询问权威，得到一个正确答案。

而这些批评、羞辱别人的人们，还安慰着自己："我这样是为对方好，是拨乱反正，是具有正义感的表现。"

他们却没发现，自己在别人身上施加的这些，暴力程度是远大于别人的心能承受的，而且几乎对于别人的人生选择没有多大帮助。

而这些暴力所带来的痛苦，也是这些施加羞辱在别人身上的人，自己所不喜欢的。但或许对这些人来说，有时很难承认，做这件事情，真的会让我们感觉自己是比较好、比较优越、比较强的那个。

而他们或许从来没有发现，这个对人带来痛苦的方式，却是这些也曾经受伤的人，习惯用来对抗自己内心的不安、自卑，甚至羞耻与羞愧感的方法。

## 羞辱别人，不会让我们变得更强

我曾经看过一部短片：

一个被长期家暴的小男孩，被带到游戏治疗室里。游戏治疗师想要理解孩子的状态，也想和小男孩建立关系，于是他拿了一些玩偶给小男孩。小男孩拿起了其中一只玩偶，对着它说："你坏！你坏！"然后把玩偶翻到背面，开始疯狂打它的屁股。

那一幕，让我极为震撼。

这个孩子，为了对抗自己因遭受家暴而感受到的羞耻、羞愧感，把"是我不好，所以我被家暴"的感觉投射到玩偶身上，将那些因为遭受"羞愧创伤"而觉得不好的部分投射到玩偶上，并且对那个"坏孩子玩偶"施加自己也曾遭受的暴力与羞辱行为，借此来平稳内心升起的创伤感受。

也就是说，很多时候，我们批评着那些我们不喜欢的人，很有可能，是因为那也是我们所不喜欢自己的部分。

这就是为什么，许多遭受羞辱创伤的人，也会去羞辱别人，羞辱那些跟内心的自己一样脆弱无助的人。

## 社会充斥要我们合理化或忽略自己感受的"名言锦句"

而当对待我们的人，用"羞辱我们"来解决自己内心升起的负面情绪、伤口与脆弱的部分，借由用羞辱控制、伤害我们，来暂时得到控制感、摆脱羞耻感，甚至以此得到力量与安全感时——

那是极为残忍，也无同理心的，但却也极为可悲。

因为他们没有学会如何好好对待自己脆弱的部分，也没有被好好爱过的经验。而承继着这样的伤口，这些伤快满溢而出时，我们也不知道该怎么说、能不能说，因为说出来太脆弱，又太丢脸，好似会被这样对待的我们，是有问题的。

而且，我们又不被允许说，尤其当社会没有这样的氛围，当大家都告诉我们：

"你的感受不重要，这又没什么。"

"比你更惨的人有很多，你还有栖身之所、有东西可以吃，应该要感谢了。"

"能有工作可以做，有很多人还没有这个机会，你应该要心存感恩。"

一句又一句要我们淡化、合理化或忽略自己感受的"名言锦句"，存在于我们生活的每一个地方。只要有人说出负面情绪，就会有人来把这些常听的话贴上来，让我们觉得，有伤、有负面感受，是我们的错。

会这么做，当然也跟"自己的情绪也是被这样对待的"有关，也就是：有更之前的人，也是这样告诉、对待我们。

于是，这种方便控制他人，却造成伤口默默在暗处腐烂的话语，就这样一代又一代的传下去。

然后一代又一代的，认为羞辱他人是很正常的事。

可是，实际的情况是：

当我们羞辱别人时，虽然可能会让自己拥有一些控制感，甚至会感觉"我是比较好的"；可是这种"好"，是一种假象，并不真的对我们的人生、对自己有任何帮助。

更甚者，这会让我们总是焦虑于自己的"不够好"，因为会想象别人也会这样批评、羞辱我们；于是我们过度努力地希望自己变得更好，然后羞辱那些没有变得更好的人。

日复一日，即使我看起来似乎"变得优秀了"，我却觉得空虚；相对地，用这样的方法进步，很容易会造成关系中极大的伤害。

因为，不会有人想留在一个会羞辱别人的人身边，包含你自己。

于是，你与自己、他人、世界，关系都会极为疏离。各种情绪困扰，也就因应而生。


读到这里，你可能也发现了：羞辱创伤之所以难以从文化中根绝，很大的原因，是因为"羞辱"本身，就是我们用以面对、处理脆弱的方式。

当我们没办法接纳如此脆弱的自己时，我们的文化会"惩罚"这样不够完美、会犯错、有情绪而脆弱的人们。用的方式，就是"羞辱"。

而"羞辱创伤"，就在这种文化内建的"自厌惩罚"中，一直传了下来。

## 属于自己的咒语，需要自己才能解开

在这个世界上，每个人都有属于自己的伤。

就跟当我们身体生病、受伤，需要先发现症状一样：这样我们才会知道要去找医生，病与伤口，才有机会慢慢好。

如果没有发现病症或忽略伤口，拖延下去，常常会变得更严重。

所以，心里的创伤也是一样的。疗愈的第一步，就是看见，还有能被说出来。

如果我们困于过去被对待的方式，认为自己只值得被这样对待，那就像有人对我们下了咒，而我们也相信了，自己又对自己下了一样的咒语，甚至更深、更难解。

我们需要了解这些创伤是怎么形成的，如此，我们才有机会可以预防与避免；我们需要看见这些创伤的样貌，以及怎么影响我们，这样我们才知道，这不是我们的错。我们才终有机会拥抱自己的脆弱面、完整地认识自己，然后才有办法"做自己"。

如果我们连自己是什么样子、喜欢或想要什么、标准是什么都不知道，就要"做自己"，实在太困难；如果我们根本不敢看自己的脆弱与伤口，要"爱自己"，谈何容易？

如果你发现，当别人谈创伤时，你会忍不住想要压抑他人说这些话，那么，或许你也需要停下来想想："是不是我也都是这样对自己说？"

是不是我都跟自己说：不要想就好了，不要知道就好了。

或者是，只是觉得"都是别人的错"。在责怪别人当中觉得极为愤怒与痛苦，却无能为力；或是带着这个愤怒，火花四射，伤害了现有的关系。

读到这里，如果你也发现了属于自己的伤与咒语，诚恳地邀请你，和我一起，踏上这个创伤的疗愈之旅，找寻和内心的自我和解、伤口复原的解药与解咒法。


而自己的咒语，唯有自己才能解开。

# 二　羞辱创伤的样貌

"比较"，很多时候，正是羞辱创伤的来源：
"你不比别人好，所以我羞辱你，希望你知道羞耻、才会努力进步。"
这种刻在我们骨血的文化习惯，是多么地深刻又伤人啊！

在这里，我想要用一个典型的家庭故事做例子，让大家了解羞辱创伤是怎么运作、影响我们的：

阿强小时候是被爸爸打大的。前面有兄姐、后面又有弟妹的阿强，因为课业表现不如哥哥姐姐，爸爸常羞辱他怎么那么笨，"连这个都不会，干嘛不去死"。因为大家都怕被爸爸打，所以哥哥姐姐也不敢替他讲话。

被爸爸打完之后，妈妈会到房间来帮阿强擦药，一边安慰阿强："爸爸也是爱你。他是爱之深，责之切。"

阿强的内心其实极为混乱。

他看到爸爸，就觉得好害怕，爸爸会因为他的害怕而更生气，打得更凶；妈妈说，爸爸会这样打他是为他好；可是爸爸也会打妈妈。一边哭着的妈妈，一边对他说着："爸爸是爱你的。"

他看着妈妈的伤口和眼泪，觉得一切都很讽刺。

但他没有再说什么，因为某方面他知道，他说什么也没有用，不会改变这一切。要不他就是努力避开爸爸，或是像兄姐一样做到爸爸的标准，让自己不会被打、被羞辱；要不就是安慰自己"爸爸也是为我好"，然后努力去争取爸爸的爱。

但此时阿强感受到的是："家里是不安全的，父母是不可靠的，没有人会理解我、保护我，可能还会伤害我。"

然后，阿强选择忍耐，不说出自己的想法与感受，让自己没有感觉地面对父母的要求与伤害，尽可能让自己有用、独立、靠自己，也尽量不要让他们注意到自己，这样自己就安全了；不要太期待他们的温情，否则只有失望而已。

对他而言，他只期待赶快长大，可以离开这个家，得到自由。

上大学后，他自己打工、赚钱，希望自己可以赶快独立，不用依靠家里。开始工作后，他遇到了一个女孩，温顺、好说话，他觉得对方是个适合结婚的对象，然后就结婚了。

结婚之后没有多久，他们生了一个孩子。阿强很努力地赚钱，因为他认为，表现出有用，应该是维系关系最好的方式。毕竟他从与父母的关系中学会，只要他把自己的事情做好，就不会有人来烦他、不会有人对他失望或觉得他不好。

这样，他就安全了。

但久了之后，妻子对他的抱怨愈来愈深，阿强不知道该怎么办。

他只好更努力工作，让自己回家的时间愈来愈晚。他觉得，只要自己做好自己该做的、减少出现在妻子面前的机会，对方就不会对我失望或抱怨。

只要让自己不被注意到就好了。

当阿强因为爸爸羞辱他的声音响起，让他感觉自己什么都做不好、做什么都会失败时，他就更投入工作，仿佛工作是他的一切。

后来，阿强的儿子渐渐长大。阿强曾隐约听妻子说，儿子在小学就会打架、欺负同学，妻子不知道该怎么办。

阿强偶尔会想管教孩子，但很少跟儿子相处的他，不知道该说些什么，只能说些大道理。

儿子没说话，但一脸不耐烦。

阿强很不安，不知道该怎么办。

就这样，到了国中，儿子和人打了群架，被学校勒令留校察看，请家长领回。

到了学校，老师对着阿强数落了他儿子一顿，且有意无意地暗示儿子会这样，是因为家长教导不善。

那个当下，一种熟悉且非常难忍的负面感受升起。阿强气急败坏地把儿子带回家，然后毒打了儿子一顿。

"我的脸都被你丢光了！"

然后，打着儿子的阿强，突然发现，自己好像以前的爸爸。

"我打你是为你好！"想说出这句话的阿强，看着儿子愤恨的眼神，发现自己什么都说不出口。

　　阿强的确是羞辱创伤的幸存者。而他内心升起的那些难忍的感受，还有时常表现出的情绪隔绝、退缩与麻木，都是羞辱创伤的症状之一。

　　而遭受羞辱创伤的人们，会出现怎样的症状？这些症状又会怎么影响我们呢？

# "羞辱创伤" 引发的症状

创伤，会带给我们很深的无力感，而这个无力感又会引发我们内心对于"无法保护自己""别人居然这样对我"的挫折感与自我责怪，更让我们认为自己是不好的。

本书中所谈的"羞辱创伤"，是 CPTSD 的一种，其带给人最大的影响与痛苦，不仅是无力感，而且是深刻的羞耻与羞愧感，让我们"觉得自己很糟糕"。

这种否定自己的感觉，日日夜夜侵蚀着我们的自我认同，也侵蚀着我们对他人的信任感与安全感。

而之所以会一直出现这种"自己很糟糕""否定自己"，与羞辱创伤会出现的几种与 CPTSD 类似的常见症状有关：包含情绪重现、情绪调节困难、过度警觉、退缩麻木[1]、惯性羞耻、自厌惩罚等。以下，将一一说明之。

## 情绪重现

曾遭受羞辱创伤的人们最痛苦的状态之一，就是面对突如其来的"情绪重现"。

如同前文例子所谈的阿强，当他面对妻子的抱怨，或是学校老师对儿子的指责时，心中突然升起的那种混合羞耻、羞愧、罪恶、愤怒、不安、焦虑等复杂的负面感受。

也就是说，"情绪重现"的意思是：

因为过往的创伤，我们遭遇过那种伤口的痛，使得在日后的生活中，一旦遇到类似的情景，或是和重要的人互动受挫，会让我们升起类似的创伤感受，引发我们一连串的情绪重现反应。

例如，在《华灯初上》一剧中，主角苏庆仪因为过去遭受母亲男友性侵，当时妈妈在家却没有伸出援手；后来被妈妈发现怀孕后，妈妈不但没有接纳她，还赶她出门；对妈妈本还抱着一丝希望的她，在听到妈妈的话后，她不只心碎，而是心死。

"你居然勾引我的男人！"

听到这句话的苏庆仪才知道："原来，妈妈你什么都知道，只是不想救我。"

内心原本就已经破败不堪、摇摇欲坠的信任城堡，"啪"的一下，完全崩溃。

已经脏掉的自己、连妈妈都不爱的自己……这么不堪的自己，还有谁会爱？谁会接受？

被所爱的人否定、拒绝、不接纳，甚至被羞辱、被说"勾引"……带着这样的伤，在日常生活中，苏庆仪虽然努力做到最好，但她仍然是那个带着伤的女孩。那些好，都是用来掩饰不够好的自己。

而直到那一刻，在她所爱的江瀚与她分手之后，那种"觉得自己不好、被拒绝而且被否定"的羞辱感又重现了，而这个情绪，让她忍不住攻击自己，想让自己消失。后来，在许多曲折之后，她决定要开始攻击别人。

### ◆攻击自己或他人，是常见的"情绪重现"的自我安抚方式

事实上，不论是"攻击自己"或是"攻击别人"，其实都是我们面对"情绪重现"时的一个"自我安抚"的方式。

怎么说呢？

当我们面对创伤的"情绪重现"时，我们会很想要逃开或是跳出这样的情绪反刍。有些人会因此逃到其他的事物当中，例如工作、物质或网络依赖等，也有些人想要找到一个理由，用以消化这个突然出现的情绪。

如果我们把理由归咎为自己，就会出现攻击自己的行为。"自我批评"与"忧郁"，就是一种自我攻击行为的展现；而如果自我已经无法消化这样的攻击，开始觉得这个世界对我不公平，我们也会对外找这个"情绪重现"会出现的理由，那么"攻击别人"

也会变成一种常见的自我安抚行为。

　　"要不是你，我不会这样""都是你们的错"……当我们归责成都是别人的错时，我们也为这个"情绪重现"找到理由；而"攻击别人"的"愤怒"情绪，会让我们摆脱"情绪重现"的无力与恐惧等痛苦，因为"愤怒"会让我们有力量，让我们觉得能做些什么。

　　能够摆脱无力感与恐惧，"愤怒"其实是很容易被依赖的情绪。

　　只不过，不管是在"攻击自己"或"攻击别人"的行为中，内心那个受到羞辱创伤、真正受伤的自己，从来没有真的被安抚过；只是被打了暂时的麻醉剂，让他可以暂时停下来——

　　直到下一次他受的伤再被唤起、再出现。

　　而我们的心，就一直上上下下、处在焦虑而不平静的过程中。

### 情绪调节困难

　　当羞辱我们的人即是我们希望得到爱与安全感的人，会使我们对于"安全感"的来源出现混乱；换言之，当我们想要从他身上获得爱与安全感的人，却是造成我们创伤、焦虑与恐惧的人时，我们可能会时常感受到"不安全"，而焦虑与恐惧，会一直笼罩我们的心。

　　当我们处在羞辱创伤中，"情绪重现"使我们被恐惧与焦虑、罪恶感与羞愧感等情绪给攫住，但当我们成长的环境、与父母或主要照顾者的关系，又是造成我们创伤的来源——原本我们应该可以从父母的镜映中，学习各种情绪的知识、理解自己与他人的情绪，并且学会如何调节自我的情绪、与他人建立关系；但当因为要避免羞辱再发生，使得我们的注意力都在应付、猜测与避免自己再度遭受创伤时，我们将应该学会调节自我情绪的能力，都用以安抚对方；而我们也在缺乏"自我安抚的学习对象"中，失去了自我安抚、调节情绪的能力。

　　失去了安全堡垒、自我安抚与调节情绪的能力时，我们对于"危险"的感知很可能因此过于敏感，而且停不下来。

　　即使长大之后，在不需要如此担心危险的环境时，我们仍然可能会因为别人的一个表情，或是人际互动的一件小事，甚至某天起床的一个感觉，就会引发我们内在"过度警觉"系统的全面启动。


## 过度警觉


　　由于"羞辱创伤"带来的"情绪重现"太让人难以忍受，当我们不想要再体验到那种极为痛苦的感觉时，会开始做一件事情：

　　努力留意、警觉周围会出现"危险"的信号与线索。

　　能够"警觉"，原本是我们大脑的一个重要功能：当遇到危险来临前能够"示警"，我们才可以采取有效的策略，快速应对可能面临的危险。

但是，带着"羞辱创伤"的人们，由于受创于过去的创伤经验，极为害怕创伤重现，就像是"一朝被蛇咬，十年怕井绳"一般，因此当有一点风吹草动，就有可能会"过度警觉"，使得自己一直处在随时都可能"被激发"的状态，情绪反应也因而相当剧烈，因此引发一连串的防卫机制。

在这样的过度警觉中，我们会一直处在焦虑与恐惧当中，为了逃离这样的情绪，我们会使用习惯的防卫机制来保护或安慰自己。

只是若当我们的警报器不停响起，我们的神经系统也会疲于奔命，于是自动化地使用防卫机制。这些僵化的防卫机制，可能就成为伤害我们，甚至伤害关系的原因之一。

### ◆因过度警觉引发的防卫策略：战——指责、攻击

举一个例子来说明这个状况：

每一次男友没接电话时，小晴都会觉得非常焦虑。因此，如果她发短信或拨电话，而男友没回时，不管此时是不是上班时间、自己或男友是否在忙或在休息，她总是要夺命连环call。不找到人，誓不罢休。

就算男友接了，小晴也会充满愤怒与怀疑，指责男友为什么

不接电话，或是怀疑男友做什么去了。即使男友没接电话的时间，可能只有短短的十分钟。

经过心理咨询与自我探索，小晴发现，原来自小被父母言语羞辱，让她觉得自己是不好的、不值得被爱的。使得她无意识地检视着她与男友之间的各种线索，生怕有一天，男友真的后悔、想要丢下她。因此为了维持这段关系，她认为自己必须非常努力地警觉着，以免有一天她真的被丢下。

而当她一警觉到有一点点被忽略、被丢下的可能性时，就会启动她的防卫机制，也就是因应此种"过度警觉"的生存策略——指责。

指责对方做得不够，或是不够重视自己。

但最矛盾的是，小晴与男友的关系，却在这样的指责中愈来愈糟。

也就是说，受过羞辱创伤的孩子，长大之后，测知危险的警报器时常过于敏感，就跟路边过度灵敏的汽车警报器一般，一点风吹草动就放声大叫，让自己的身心时常处于不安，在这些情绪中疲于奔命。

讽刺的是，这些努力原本都是为了获得内心的安全感与平静，但过于警觉危险的发生，却让自己一直处在"完蛋了""该怎么办"的焦虑与恐惧情绪当中。

## 退缩麻木

在许多谈到"情绪""创伤"的书籍与论文中都有提到,"战、逃或僵住"是我们遇到危险时,最直接的自我保护反应之一。

实际上,"过度警觉"或者可说是"战"的基本反应。因为出现"过度警觉"时,我们会产生焦虑,而"焦虑"会促使我们去做一些事情,包含攻击、指责等,如此我们就不会陷在创伤的羞愧感与无力感当中。

而另外也有一种常见的情形:退缩麻木。有时"退缩麻木"会以偏向"逃或僵住"处理危险的"防卫机制"出现,也就是"用以适应、安抚创伤与保护自己"的机制。受到"羞辱创伤"的孩子,可能因为性格,也可能因为发现表现愤怒等行为,不见得可以帮助自己处理这样的状况,因此会使用"退缩麻木"的方式,来面对、处理羞辱创伤。

也就是说,"让自己不要有感觉、不要怀抱期待",那样就好了。

### ◆逃到工作、游戏、购物或物质依赖里

实际上,使用"退缩麻木"处理情绪重现与因创伤后的"自我感觉不良"的人,并非不会"过度警觉",而是当他们一感觉到有危险时,就会立刻"关掉感觉",或是立刻逃到他们觉得安全的地方。

例如工作、游戏、购物、物质依赖等。

不过，在此之前，遭遇创伤经验后出现的"退缩麻木"，有时候可能是更加快速的一种症状，例如会突然感受到失去现实感、解离（人与周围的隔绝状态）或是脑中一片空白。

那是当"情绪重现"的情绪海啸袭来，自己像是突然笼罩在一个真空保护膜里，自己出不去，别人也进不来，所有的一切像是都消失了，但那"情绪重现"所引发的复杂创伤情绪，就隐隐地在这个真空保护膜里，爬行着、蔓延着。

当出现这个症状时，我们与世界、与他人、与自我的联结全部都断了，失去了现实感与自我感。那种状况，或许跟遭遇到极度恐惧与恐慌的人，当时所感受到的情绪、所表现出来的反应是类似的。

最辛苦的部分是，遭遇严重受虐或羞辱创伤的孩子们，可能会一次又一次地遭遇"情绪重现"与"退缩麻木"等症状。若此时"羞辱创伤"仍是现在进行式——还处在随时可能被羞辱、被伤害的情况下，孩子的心就像洗桑拿一样，上上下下被情绪给煎熬着，自我认同也必然不稳定。为了适应这样的环境，孩子就会出现更加显著的防卫机制，用来保护自己。

当孩子的许多行为，并非出自他的本意，而是因为恐惧、为了生存、为了适应生活才那么做，而这些安全感、保护与情绪照顾，原本是大人应该为孩子做的，这是何等令人伤心的事。

## 惯性羞耻

在谈到复杂性创伤后压力症候群的书中，几乎都会谈到创伤会造成"巨大的羞耻感""毒性羞耻"[2]，以及这个羞耻感对我们的影响。

不过，为什么遭受羞辱创伤时，会引发羞耻感呢？

实际上，当我们被羞辱、虐待、遭受创伤时，都会经历一种非常无助、失去自主权与控制感的感觉，而这种"因为害怕，所以我'不得不'"的心情，这种我们不能按照自己的意愿去做事的心情，就会让我们升起羞耻感，因为这样的行为"不符合我们对自我的期待"；再加上当我们受到羞辱创伤时，对方会把做出这样行为的理由归责在我们身上，让我们觉得"是因为我，对方才会这么做"，于是，更容易引发"是我不好"的羞耻感。

只是，什么是羞耻感？羞耻感与羞愧感、罪恶感有什么差别？而"惯性羞耻"又是什么？

### ◆ 羞耻感、羞愧感与罪恶感

◎ 羞耻感

羞耻感是一种"想把自己隐藏起来"的情绪，在华人文化中，"耻（恥）"这个字，以"耳"字与"心"字构成，它包含着"我'听到'自己没做到别人的标准、不符合别人的评价"，然后"在我'内心'

形成一种'我无价值'的感受"，于是，我会觉得"羞"：觉得丢脸、被暴露。

所以，"羞耻"必然是"与他人有关的情绪"。当这个情绪升起时，时常带有"我没做到别人的标准、不符合期待，而这样的我没价值"的心情，且这样的心情是无法隐藏，而可能会"被暴露"的，因为会被发现，所以才会觉得"羞"（丢脸）；如此，想尽办法隐藏这样的自己与情绪，就变成有这样感受的人时常会做的决定。

◎羞耻感与羞愧感

"羞耻感"与"羞愧感"这两种情绪，因为翻译的关系，在我们一般心理学相关书籍中可能是指称一样的意思。

不过，如果就中文字面上的解释，"羞耻感"是带有更深的害怕被暴露与"觉得自己无价值"的感受，且这个感受会形成，是因为别人的看法与评价；"羞愧感"本身也带有这个意思，但多了"愧疚感"。

这个愧疚感，使当事人不仅仅是躲起来觉得羞耻，而是包含着更积极的意象：会觉得愧疚、对不起别人，因而会更有机会去做一些迎合别人的改变。

◎罪恶感

罪恶感，是一种"不是我不好，只是我做不好"的心情，当然也带着愧疚，因此会努力做一些为了别人的调整与改变，而这部分与羞愧感提到的"愧疚"有类似的部分。

因此在本书中，会以"羞耻感"与"罪恶感"来分别指称"我不好，所以我想把自己藏起来"和"我觉得我没有做好、对不起别人，所以我尝试再多做一点"这两种心情，方便大家理解。

回过头来谈，既然"羞耻"是关于"别人评价与看法怎么影响我对自我看法"的情绪，那么适当的羞耻感，的确有机会能让我们调整自己的行为，来符合社会规范。

但是在这里，我们要谈的，是"惯性羞耻"，也就是对我们人格本身有伤害性的"羞耻感"，那就是：我们将羞耻感内化成了自己的一部分。

### ◆羞耻感的内化：惯性羞耻

当羞耻感不仅是在我们做出某些行为后出现，并且根本上被认为是我们人格的一部分时，羞耻感很可能会被内化成我们的人格特质。

特别是遭受羞辱创伤的孩子，许多时候是必须面对父母或其他权威，因为自己做的一点错事（甚至可能什么都没做），就被羞辱、被认为有问题。

而当孩子的自己，是用他人的评价来建立对自我的看法时，这些父母，或具有权威性，或是在我们当时的关系中重要的其他人，对我们的评价所引发的羞耻感，就会被我们一一收纳起来，成为我们定义自己、看待自己的一部分。

也就是说，我们内化了那些别人责骂我们、羞辱我们的话所引发的羞耻感，把它变成我们对自己的看法：我们认为真实的自己就值得羞耻。带着这种羞耻感，我们会想要隐藏这个被定义为"羞耻"的自己，不让真实的自己被他人看见。

问题是，当我们想要与他人建立深入联结时，需要展现真实的自己，可是这件事对于遭受过羞辱创伤、带着"惯性羞耻"的我们，是困难的。

因此，这个羞耻感的内化，使得我们的人格中有一块难以去除、令我们觉得羞耻的部分，让我们不得不隐藏自我，使得我们和真实的自己及他人隔绝。

## 自毁与自我伤害：身体与心理

在遭受严重受虐或羞辱创伤的孩子身上，我们还会观察到一种很常见的现象，那就是：自毁与自我伤害的行为。

这些自我伤害的行为，在一开始的时候，多半是以自残性伤害身体的方式为主。之所以会出现这些自我伤害的行为，是为了要因应那个让人难以消化的"情绪重现"：混杂着愤怒、恐惧、自我厌恶、羞耻感、罪恶感与无力感等复杂的情绪，让孩子就像被黑暗笼罩，有一种喘不过气来的感觉。

曾有遭受"羞辱创伤"者对我描述这种感觉："当那种感觉袭来，我觉得脑中一片空白，一种冰冷的感觉包围我，就像是《哈利·波特》中，遇到摄魂怪的经历。"当那种感觉袭来时，会让人出现一种与现实隔绝的疏离感，而情绪感知上又会因此退缩麻木、情绪隔绝，但是因情绪重现而引发的复杂情绪感受，却又包围着自己，让自己无法招架。而自己的存在感，就好像消失在这些情绪当中，就像被情绪海啸淹没一样。

那是一种很恐怖、恐慌的感觉，是一种"天地化为零"的感受。为了抵抗情绪重现、学会安抚自己与重新感受到自己的存在，有些孩子会采取"自我伤害"的行动，借由自我伤害，去感受到自我的存在与自我的联结。

### ◆自我惩罚式的自我安抚

悲伤的是，因为孩子无法从父母那里学到正常健康的方式与自我的情绪联结，或是学会自我安抚。于是，才会发展出这样的方式，带有一种"自虐的快感"，一种自我惩罚式的自我安抚，一种把注意力转移的方式。一旦将注意力放在痛觉上，就不需要感受那些令人惊慌的情绪重现，也可以用"自我惩罚"来安抚内心的惯性着耻，安抚"我不够好"的焦虑感与羞耻感。

此外，痛觉本身就会让我们的大脑释放出"脑内啡"，会带来愉悦感，所谓的"自虐的快感"指的就是这个。

但是这种快感，可能会导致上瘾。而当我们学会用这样的方式去自我安抚时，这个习惯会被保留下来，甚至从身体上的自我伤害，转变成心理上的自我伤害，如"自厌惩罚的自我批评／自我怪罪"，或是成为一种"自毁性"的生存因应策略[3]，如上瘾行为、工作狂等。

## 自厌惩罚——自我批评／自我怪罪

"自我批评"与"自我怪罪"，和"惯性羞耻"具有相当大的关联，因此自然与过往遭受"羞辱创伤"的创伤经验有关，那造成了我们的自我感觉不良，觉得遭受这样羞辱、伤害的自己是糟糕的。

为了因应"羞辱创伤"所造成的"情绪重现"，"自我伤害"有时成为一种自我安抚的方式。当外显于身体时，会以"自残"的方式表现；但这种自我伤害，更常用一种方式留在受到"羞辱创伤"的孩子们身上，而且一辈子跟随着，形影不离，那就是：自厌惩罚——自我批评与自我怪罪。

实际上，我之所以会把这种无止境的"自我批评／自我怪罪"，称之为"自厌惩罚"，是因为当羞辱创伤所造成的"惯性羞耻"让我们感觉到自己是"不好的"，我们会在日常生活的因应，甚至情绪重现时，努力"自我批评／自我怪罪"，并且认为"自己就该这么做""只有这样，我才会变好"，甚至认为"我做得不够好，所以这样骂自己是应该的"。

◆ **"自厌惩罚"，是伤害自尊的利刃**

这个"自厌惩罚"的习惯，会造成我们将事情、他人的过错，过度归因在自己身上、过度负责，因而时常会造成我们的界限不清、习惯负别人的责任，以及容易被别人的评价与想法影响。

这些"自厌惩罚"，也是伤害我们自尊的一把利刃，等于是我们内隐的自我伤害。

与自残相同的是，当我们被父母、被其他人在言语或态度表现上羞辱，而认为自己是糟糕的、不好的时候，我们会想要在身体或心里自我惩罚以自我安抚，因为"痛感"可以让我们从羞耻感、罪恶感等这些复杂而受伤的情绪中逃脱，即使这个方式更伤害我们。

不过，比起身体上的自残，"自厌惩罚"式的自我安抚，更容易被保留下来，成为我们生存适应策略的一部分。

那是因为，对我们的文化来说，"自我批评""自责"与"自我怪罪"，是一种"自省""负责任""不把错怪在别人身上"的优良美德，因此环境、他人会更加强化这个行为，让原本拿来自伤、让我们失去客观与自我评断标准的"自我批评／自我怪罪"，成为被鼓励的全民运动之一。

## "自我批评／自我怪罪"与"自省"的不同

读到这里，可能很多人会想着："可是，做错事就应该要提醒自己，不然会一直犯错下去啊！"这个想法也说明"自厌惩罚"的"自我批评／自我怪罪"存在两个关键：一种是具伤害性的"做错事的自己是糟糕的／不堪的"的自我厌恶想法，以及"我做错事是需要被惩罚的"的自我惩罚习惯。

但自省，其实仅是"我觉察我做过的事情，思考我有没有再改善的可能"。也就是说，自省仅有思考"我有没有可以改善的可能"，而没有"自我厌恶"与"自我惩罚"的这两个部分。

关于为何会"自我厌恶"？前面已经谈到许多"羞辱创伤"对自我认同的影响——承继了羞辱的我们，会造成对"自我不良"感的理由。

此外，当我们感觉自己做错了什么，不能只是平静地希望自己再改善，而是需要把自己"往死里打"，用尽心力惩罚，这仍然跟我们的社会文化、习惯有关——

那就是：惩罚，才会进步。

### ◆要对自己残忍，才叫"认错"，才会"进步"

事实上，我们的社会中，有一个相当重要的文化习惯，使得"自我批评／自我怪罪"被喂养、几乎存在于每个受过创伤的人心中，那就是——

　　做错事就要受到惩罚，不够好，也应该要被惩罚；只有把自己批评、骂到一文不值，才能痛到记取这样的教训，不会再犯，或是，才会更进步。

　　面对那个不够好的自己，大部分受过羞辱创伤的人，从来没有过即使犯错了，也仍然能被温柔对待的经验。不论是家庭、学校、职场，甚至伴侣关系，我们经常体验到的，是"只要你错了，就应该被骂、被羞辱"。

　　这种经验会内化到我们的心里，我们学到的，就是"要对自己残忍，才会进步"。我们从没有学会，怎么陪伴、好好对待那个还在摇摇晃晃学步、那个不符合社会或别人标准的自己。

　　我们只知道，"当我不够好，我就应该对自己残忍羞辱，这样我才会进步""不可以让自己过太爽，这样就会懒惰、不进步""合理的要求是训练，不合理的要求是磨炼"……我们在这些学到的生存策略与文化加诸我们身上看似"有道理"的标准中，急着甩开那个不够好的自己，愤恨着为什么不能赶快变得更好、更强。

### ◆我们从羞辱我们的人手上接过鞭子，继续鞭打自己

　　内心的自我批评，就在这样"对自己残忍，才会变好"的习惯中，又承继了因为受到"羞辱创伤"而内化的惯性羞耻，这些羞耻感再转化成"自厌惩罚"的鞭子，我们从曾经羞辱过我们的

人的手上接了过来，继续尽责地鞭打我们自己。

继续嫌弃着那个不够好的自己，那个需要受惩罚的自己，一鞭一鞭地，鞭打在他幼嫩的皮肤与我们的心上。

而羞耻感，就这样一直累积在那个"真实、但却被认为不够好的自己"身上。他已经遍体鳞伤、无处可躲；因此，即使我们得到再多成就、再多好表现，都没有办法让我们的心觉得安慰。

因为，那个自己，被过去伤害我们的人，以及我们自己抛下了。他蹲在阴暗的角落里，瑟缩地咀嚼着那些不被爱，以及"我没价值"的感受。

## 羞辱创伤最直接的表现：否定自己

受过"羞辱创伤"的我们相信：会遭受这样的羞辱的自己是糟糕的、不好的；被羞辱过的自己也是糟糕的；展现真实的自己是危险的。

在这种想法中，我们带着"否定自己"的眼光看着自己，因此，我们不相信展现出真实自己是安全的，也不相信自己的情绪是"正确"的，特别是遭受过羞辱创伤的孩子们，有一大部分都是因为个性特质或情绪而被否定。

"当我因为'我是我'而被否定时，我要如何相信展现出自己是对的？"

因此，我们慢慢收起了自我真正的感受与想法，戴上面具，开始发展出"虚假的自我"，展现出我们认为别人可以接纳我们的样子，用这样的方式生活着。

### ◆你是真的爱我吗？还是因为我"有用"？

但用这样方式生活着的我们，却又因此而感受到挫折：

如果我因为现在的样子被爱，我忍不住怀疑，你爱的不是真正的我，而是我扮演出来的、有用而"好"的我。

如果我因为过度努力展现出另一个样子、获得成就而被肯定，我就更相信原本没有获得成就的自己是没有价值的，于是我会穷尽我一生之力，只为了得到更多的成就，因为唯有得到这些才能被肯定。

但我也知道，追求这些的我，心中只有空虚，但我仍然不敢停下脚步，因为我不知道还能做些什么可以带来安全感。

如果我的情绪从来就被否定，那么我将学会让自己"没有感觉"。隔离感觉会让我感到安全，甚至可能带给我一种意外的平静；但是我也感觉不到爱、感觉不到活着的意义，我甚至不知道自己喜欢什么、想要什么，特别是因为"我的感觉与喜好"从来不允许存在。

那么，我忍不住会想要追求主流的价值、他人的肯定，或是物质水准与权力地位的提高，因为我已经没有办法依赖着我自己的情绪、感受与需求作为生活评判的标准。

我只能寻求权威的认同，或是询问着别人、找寻人生的标准答案。

但是，人生最困难的就是：

它没有正确答案，只有属于自己的答案。

这个答案，必须依靠我们自己：靠着自己的情绪、感受与需求去找寻。可是，对于遭受过"羞辱创伤"的孩子来说，"自己的情绪、需求与感受"是人生中极为不可靠的事物。

因为过去有人跟我们这样说过："你的感觉，是不对的。"

特别是，当告诉你这件事的，是你的父母。

这种记忆的刻痕，会深深地刻在我们的心上，在猝不及防时，用痛彻心扉的方式提醒我们。

---

1　情绪重现与过度警觉、退缩麻木：为 PTS 常见的症状，参见朱迪思·赫尔曼：《从创伤到复原》。

2　"毒性羞耻"概念最早由约翰·布拉德肖在 *Healing the Shame That Binds You* 一书中提出，与本书的"惯性羞耻"有所异同。参见彼得·沃克：《第一本复杂性创伤后压力症候群自我疗愈圣经》，朱迪思·赫尔曼：《从创伤到复原》。

3　在"羞辱创伤的影响"单元中，会讨论由防卫机制与自我安抚策略所演进而成的生存因应策略。

# 父母的羞辱创伤

许多父母在过往的成长经验中，带着羞辱创伤长大。在这样的羞辱创伤中，父母带着强烈的匮乏感、不安全感与自我厌恶感。为了要安抚这些感受所升起的羞愧感、不安、恐惧与焦虑，我们会想找一个亲近的对象，安抚自己这些负面情绪，而孩子就成为最容易被选择的对象。

理由是，孩子最容易控制，也最不容易背弃父母。

父母的羞辱创伤，就这样不知不觉地复制到孩子的身上。

最让人惊讶的是，在很多亚洲文化中父母习惯的教养方式，却是羞辱创伤展现的样貌之一。

写出这些，并非为了要用来责怪谁，而是唯有我们开始意识、开始觉察，我们才有机会调整对待自己与他人的方式，关系才有机会改变，成为更接近爱的模样。

那么，父母的羞辱创伤可能会如何展现，影响父母与孩子的关系呢？

## 为什么当别人（孩子）与我们想的不同时，我们就要攻击他？

"有的时候，我其实只想要跟父母分享我觉得有趣的事情。但是说出来之后，却会遭受他们的严厉批评。比如给他们看我和朋友一起去饭店开 Party，饭店很美，想跟他们分享。他们却马上说我们这一代都很拜金，不懂得赚钱的辛苦。"

"有一次跟父母聊到丁克，我说我会支持，父母立刻骂我说：'就是有你们这些不懂事的孩子，生育率才会节节下降，都是你们害的。'然后说我不结婚就是都交到坏朋友，只会争取什么自由，都不考虑父母的心，很不孝。"

### ◆父母以羞辱孩子，安抚自己的"情绪重现"

在亲子关系中，当孩子日渐长大，我们会观察到一个现象：

有些父母，时常会使用相当有羞辱性的言语攻击孩子，可能是否定、轻蔑、批评，甚至是言语、肢体暴力——只因为孩子与自己的想法不同。

许多孩子在这样的过程中极为受伤。有些孩子会在这样的过程中努力澄清，但有些孩子，可能会因此转身就走，走到父母摸不到也看不到的地方，默默疗伤。

只是，为什么当孩子与父母的想法、感受不同时，有些父母会因而羞辱孩子呢？

最大的原因，和我们前文谈到羞辱创伤的影响有关：当孩子表现出与父母不同的感受与想法时，父母过往的羞辱创伤会被激发，面对与自己不同的想法与感受，立刻感觉到自己被否定，可能会被攻击、被羞辱。于是，"情绪重现"开始运作：父母的内心会重现过往羞辱创伤经验的羞耻感、不安、害怕、紧张焦虑……

于是，为了因应这个"情绪重现"，过往用以因应、安抚这个情绪重现的防卫机制就出现了——羞辱他人。

### ◆重复轮回的"羞辱创伤"

因为羞辱他人，永远是一个可以最快制止别人继续展现我们不想看到、听到的行为的方式。且身为权力位置较高的父母，很容易可以执行这个方式，去制止孩子做出会引发父母焦虑的行动；甚至借由否定、羞辱孩子，让孩子不敢再做这件事情。

那么，这些父母就不需要去调整自己的认知，他们的世界也不需要拓展，他们只要留在自己的小小堡垒里，把孩子的翅膀打断后，就不需要面对飞回来的孩子所带回的任何让他们觉得威胁的事物。

因为，外面世界与孩子内在世界的这些"不一样"，强力威胁着父母内心脆弱的玻璃城堡。极为害怕那些不一样、对自我世界与生存策略否定的父母们，面对如此强烈的恐惧，也只能用相对应强烈的情绪反应与手段，羞辱、伤害与自己不同的孩子。

因为受过羞辱创伤的父母们，比孩子更清楚，这样的手段是多么有效，因为"我就是被这样的手段给控制住了，到现在都还没有挣脱"。

重复轮回的"羞辱创伤"，成为家族难以摆脱的诅咒。一代又一代用隐微的方式传递了下去，成为许多宗教口中的"业"与"罪"，刻印在我们的基因与灵魂中。

这个伤，却是我们最不想要得到的"礼物"。

## 要靠比较，才能知道够好

在我们的文化中，还有一种时常出现，且因此带给孩子，甚至大人羞耻感的文化习惯：比较。

"你看那个隔壁的小明，人家家里环境都没有我们好，也没什么钱补习，还要去打工，结果人家成绩比你还好，你真是人在福中不知福。"

"人家弟弟多乖，你身为哥哥，居然还不听话，丢不丢脸？"

"为什么别人可以考一百分，你不行？"

……

诸如此类的比较，充斥在父母与小孩教养的过程中。甚至大人们自己也会互相比较：比薪水、比工作、比谁的小孩优秀、谁比较美……我们习惯于比较，习惯在比较中让自己感受到优越与羞耻，然后，我们努力。

因为，我们是靠"比较"，才能知道自己是"好"的。

但是，这个"比较"所知道的"好"，是真的吗？

不是的，这个"比较"能够带来的好，只是暂时的安心。简单地说，这是在我们不能肯定自己，又得面对他人的羞辱时，发展出来让自己暂时安心，觉得安全的防卫习惯：当我不停去跟别人比较，确定自己落在哪里，我才知道我该怎么因应，或是我需不需要再努力。

### ◆ "比较"是羞辱创伤的来源

这样的文化长久下来，父母难以纯粹因为孩子做到了什么，而好好地鼓励孩子；孩子也在这当中，学到了"我需要比别人好，这样才叫'好'"。

可是，这样的"好"，是没有方向，也没有极限的：总有比你更好的人。而出社会之后，"好"的标准不仅仅是成绩，方向更为全面，于是有许多人开始迷惘于自己该往哪边走。

赚很多钱就是好的吗？有名就是好的吗？让大家崇拜就是好的吗？

属于我的"好"，到底是什么？

但是，因为父母与其他大人，没有机会协助孩子建立属于自己"好"的标准，孩子即使长大之后，也会一边迷惘于属于自己的标准，一边仍抓着关于他人的标准、主流的价值，让自己追求着别人的评价、眼光与看法。即使想挣脱，却不知道挣脱后的自己，还剩下什么。

当孩子从父母、师长那里，承继了"比别人好，才会被肯定、被爱，才不会被羞辱"的这个习惯时，如果没有意识并摆脱，要靠自己挣脱这个多年的习惯，谈何容易。

更何况，这个"比较"，很多时候，正是羞辱创伤的来源：

"你不比别人好，所以我羞辱你，希望你知道羞耻，才会努力进步。"

这种刻在我们骨血的文化习惯，是多么地沉重又伤人啊！

这种用羞辱得来、比较式的好，换得一辈子无法疗愈的羞辱创伤与自卑、自我怀疑，真的值得吗？

# 三　羞辱创伤的形式

你知道最可怕的是什么吗？
会做出伤害性的坏事，多半是大人，
但被说坏的，却是孩子。

以"羞辱创伤"的形式来说，有许多人以为，"羞辱创伤"只会发生在原生家庭。

但实际上，羞辱创伤出现的形式有许多种，也不仅仅出现于家庭，在学校、职场及各种人际关系中，都会延续着这个"羞辱"的文化习惯，一刀一刀地划在孩子的心上。

接着，我会尝试列出咨询实践上常见的羞辱创伤形式，由于羞辱创伤的形式多样，因此，仅列出"常见造成羞辱创伤"的形式，供大家参考。

# 外貌、性格、能力与价值否定

　　我没办法停止吃东西，特别是压力大的时候。我知道我又胖又丑，从小我爸还有我奶奶他们那些亲戚，最常这样说我："你是猪啊！""天啊！你又胖又丑，真的很恶心！"他们的声音一直在我耳边，我一想到，就会狂吃东西，停不下来。当我很有罪恶感时，我就跑去催吐，但是当耳边响起他们的声音时，我又忍不住大吃。我觉得自己好可悲、好糟糕。

　　从小，我妈就说我是家里最笨的，哥哥弟弟都比我聪明，只有我笨笨呆呆的，大概未来做什么都不会成功，最好是就找个男人嫁了，但又说我不漂亮、性格不讨人喜欢，大概也很难有什么好日子可以过。所以我一直觉得自己很笨，即使我念书的成绩其实都比哥哥弟弟好，但是我仍然一直认为自己是笨的，觉得就像我妈说的，我只是运气好，考运很好，刚好都考了我会的题目。我一直努力想要获得别人的肯定，但又在获得时觉得自己其实是运气好，不管得到多高的成就，我从来不觉得自己是好的。

我妈会跟我说："都是因为生了你，我的人生才会变成这样。"我觉得我的出生，本身就是个原罪吧！当我妈在一次责骂我的时候说"你这种死样子，为什么还活着"的时候，我真心相信，是有父母会恨着自己的孩子，后悔把孩子生下来的……而我就是那个不值得活下来的存在。所以我会想，人这一生这么努力，是为了什么？

小时候，我们家是个大家庭，许多亲戚住在一起。当时我爸妈对我生活的规矩要求很高，只要我一没做到，他们就会说我是个没家教的孩子，或是骂我、打我、嫌弃我。他们常会拿其他手足或其他亲戚的小孩跟我相比，而其他小孩很容易可以做到他们要的，我爸妈常常称赞他们，说我不好。久而久之，连那些亲戚的小孩、我的手足他们都会欺负我、嘲笑我……我觉得，自己在家里像个失败品一样。

## 包裹在"为你好"下的羞辱，最难以被辨识

许多受到羞辱创伤的人们，小时候所遭遇到最直接的，是外貌、性格特质、能力，甚至是存在价值的否定与羞辱。关于这类的否定与羞辱，有些父母甚至会认为，自己这样做，是"为了孩子好"，是为了提醒孩子。

"那是因为我是你爸妈，会说实话，外面的人不会。如果连我都不说，你会变成什么样子？"

包裹在"为你好"下的羞辱，最难以被辨识，也最容易会被着急地、以为自己变好才能被接纳且以此得到安全感的孩子接受。这种羞辱成为自己有意识或无意识中，不停去羞辱折磨自己，"以让自己变得更好"才能被别人接纳肯定的判断工具。这种工具，成为孩子拿来伤害自己、限制自己表现的刀，把不符合别人框架的自己全都切掉，让自己血肉模糊地站在别人为自己设的框架里。

在这样的过程中，遍体鳞伤的我们，只会急着告诉自己说："放心吧，我们在大家的期待里面，我们是安全的。"

而无视于自己的伤有多重，心有多痛。

若无法让自己能够符合这个框，自我价值与自尊，就在施予羞辱创伤者一次又一次的羞辱中，消失殆尽。

## "逗弄"是隐微且不易辨识的羞辱

这类的羞辱，还可能会以一种特别的形式出现，例如类似于"逗弄"的样貌。

不知道大家小时候，有没有听大人讲过"你是从垃圾场捡回来的"，然后小孩在急于否定、甚至气哭的过程中，大人仿佛把这件事当成一个笑话一样，觉得这么认真、把玩笑话当真的孩子好好笑。

实际上，类似这类的"逗弄"，完全没有增进亲密或感情的功用。这种"逗弄"唯一的功用，就是让逗弄者感受到自己是有力量的、全知的；可以不在乎地操弄被逗弄者的知识真相与情绪，引发被逗弄者的羞耻感，觉得自己似乎是糟糕的、不好的、被抛弃的。

你发现了吗？这其实也是一种"羞辱"：

也就是使用一些手段，贬低、压抑一个人的人格特质或价值，乃至影响到对方的自尊、对自我的看法，因而使对方感受到羞耻、觉得自己很糟糕。

这类的羞辱极为隐微且不易辨识。若当时的周遭氛围，是允许大人可以对孩子这样做的，那么这样的创伤会慢慢累积，产生相当深远的影响。

而被对待者与对待者，都不觉得这种不尊重他人的感受与情绪、不平等位置的对待，是有问题的。

这是在生活中时常会出现的一种现象，那就是：

有权力、有权威者，可以随意定义、评价他人的外表、能力、价值、性格……

而标准，是他们定的。

处于弱势的权力位阶者，例如孩子，没有同样的权利可以评断他们。

若说出来，可能会被攻击、压制，甚至遭受更深的羞辱……这种现象，深刻地存在于我们的文化当中。

# 肢体、精神暴力

关于言语与肢体的暴力与虐待，许多书籍都有提到这些伤害行为（家暴、精神虐待）可能造成的创伤与影响。不过在言语、肢体暴力与虐待中，对"羞辱创伤"的影响，我想提出两种最常见，却最常被忽略的伤害："体罚"，以及"心理控制"。

## 体罚

近几年，关于"能不能体罚孩子"这个主题，时常吵得沸沸扬扬。特别是基于我们文化中"不打不成器"的想法，会有一些父母相信"打是有效的，而且是为你好"，认为现在那些提倡"不能体罚"的教育者，都是"矫枉过正""让孩子过得太舒服"，觉得"有些小孩很顽劣，不得不打"。

不过，关于体罚对孩子大脑与心理的伤害与负面影响，已经有许多书籍、论文提出。而在我工作的经验中，发现有许多大人，对于当初被体罚、被威吓的经过历历在目，但是对于自己"为了什么"被惩罚、责打，其实根本没有什么印象。

讽刺的是，这些责打的目的，其实是为了让孩子记得自己做错了什么事；但最常发生的结果，是孩子记得的，是那种恐惧、无力反抗的感觉，甚至觉得自己是糟糕的。

于是，心里面默默地筑起了一道城墙，和责打自己的那个人，产生了距离。

因为，没有人会真的想靠近那个让自己害怕、无力反抗的人。但若无法选择，能够做的，只剩下抽离自己的情绪而已。

甚至，为了超越那个"无力反抗"的感觉，我们会记起这个方法"很有效"；然后，让自己成为可以给别人恐惧、惩罚的那个人。这样，我就可以超越那个小时候无力反抗的自己，成为一个有力量、可以控制支配别人的人。

我可以摆脱那种无力感，重新拿回我的控制与可以支配别人的感觉。

如此，我就能从中感受到，我再也不是那个无力反抗的小孩了，因而感受到控制感与安全感。

下一步，我就可能试着说服自己："这方法对我好有效，我相信对小孩也会有效的。"这类"合理化"、让自己认同对方以让自己好过，就会出现在我们常见、常听到的话语里："感谢我的父母当时这样痛打我。我现在能有这样的成就，都是他们的功劳。"

## ◆体罚复制恐惧与暴力对待

也会有人认为，有些小孩真的很需要责打，需要用恐惧来威吓。

不过，我来举一个很极端的例子：

如果生活中你遇到一个觉得他很"欠打"的大人，会去打他吗？一般来说是不会，因为这犯法，对吧？

所以，发现了吗？重点其实不是在于对方的行动是不是"该打"，而是我们在面对无力反抗的小孩时，大多很习惯"不对就要打""我是大人，我可以用暴力伤害或惩罚你"的行为。

我想要请大家重新思考一下：

如果大人主动打另一个大人，不论如何都会被认为是"错的行为"；那关于大人打另一个更没有权力反抗，或是比大人更没力量保护自己的小孩，是否真的是需要的行为？

这个行为，在执行时，是不是需要更谨慎？

我们当然需要教养小孩，但是立规矩与教养，是否一定要用"暴力""责打"的方式才能达成？

而事实上，使用这样的教养方式所复制的，是恐惧、无力感，甚至是暴力对待方式的传递。

小孩却失去了理解与聆听的可能。

## 心理控制

"心理控制"的教养方式，与"情绪勒索"有些类似，也就是父母使用一些方式来干预、控制孩子的心理自主性与自我表达，不考虑孩子的个人心理需求与感受，也不鼓励孩子可以主动发展自我，或是对外接触等等 [1]。

也就是说，父母希望孩子能够尽可能按照父母的期待与需求去过生活，而不鼓励孩子以成为与父母不同的独立个体去发展。

在这过程中，使用"心理控制"教养方式的父母，会选择一些控制孩子心理的手段来达到自己的需求 [2]，例如撤回关爱、引发罪恶感、逐渐加深孩子的焦虑感、限制孩子的表达等。而在我的咨询经验中，发现经历过"心理控制"教养的孩子，是最不容易被发现有着"羞辱创伤"的一群人。

因为，就过去的教养经验中，以父母的标准为标准，父母"为你好"，所以你应该做到父母要求你做到的事情。如果不做到，就是"不听话""不孝"……这是一个约定俗成、不会被认为有什么问题的教养经验。

但是，什么叫做"听话"？父母责骂、要求的程度，怎样叫做"立规矩"，怎样叫做"控制、限制孩子的身心发展"？这些模糊的标准，让有些父母无法觉察到自己控制孩子的行为已经侵害到孩子的情绪界限，使得孩子必须压制自己的情绪与人格发展，更无法发现以父母的标准与情绪作为行为依归时，对孩子的影响会有多大。

在这里，我整理出两种常见的父母"心理控制"的教养方式，而这也是最容易造成隐性羞辱创伤的教养方式：

◆**言语的轻蔑与否定**

曾有朋友跟我分享他的一段经验：

他们全家一起去看车，当时身为哥哥的他是个中学生，还有一个四岁左右的妹妹。买车的理由，是因为常需要接送他与妹妹，于是父母与业务员讨论要买小客车，还是休旅车。

业务员极力鼓吹休旅车："你们还要放儿童座椅，休旅车坐起来比较舒服。"妈妈问了价格，休旅车的费用比小客车贵许多。

这时候，听到价格的哥哥面有难色，就说："妈，我们要不要先买小客车就好了？"

没想到哥哥一说出这句话，妈妈立刻转头骂哥哥说："你都只有想到你自己，你怎么都没想到妹妹？你真的很自私！"

听到这句话，哥哥立刻低下头，再也不说一句话。

我听到这个经验时，忍不住问他："天啊，你妈居然当着大家的面这样说……可是你会说要买小客车，应该是因为觉得休旅车太贵吧？"

他看似无所谓，耸耸肩回答："对啊！不过说了，我妈也不会相信。反正就这样，我习惯了。"

我听到的时候觉得好惊讶，又好悲伤。

那句"反正就这样，我习惯了"，背后藏着多少一次又一次地被否定、被轻蔑、被羞辱与被贴标签？是真的无所谓？还是因为太痛了，得让自己无感，才能"习惯"？

被自己生命中应该是最重要的人，一次次地否定与贴标签，是多么痛苦与残忍！而为什么，我们需要习惯这种事？

"你很自私""你只在乎你自己""你根本一点都不想努力"……像这样的话，失去了对等与尊重，只有一方的声音与标准，而另一方时常是被误解与伤害的。

当父母以为他们对我们这样，是为了"纠正"我们的行为时，那些"我说了算""你一定就是像我讲的这样"的误解与伤害……这些伤，要花多少时间才能好？又有谁可以理解与抚平？

### ◆ 情绪压制、否定与忽略

阿平从小就知道，只有爸妈可以生气、吵架、发脾气，如果自己有脾气，一定会被打得很惨，或是会被惩罚。原本他以为，这些事情都过去了，自己不会被影响。

但当有一次带着小孩、太太一起去郊游，小孩昨天因为太期待而没睡好，所以沿途一直吵时，阿平突然忍不住大吼孩子，说："不要去玩了，回去好了！"

当他愤怒地开车回去时，太太被吓到，什么都没说。孩子小声抽泣着，车内一片安静……

他突然发现这场景好熟悉："这不就是我小时候的经历？每次我出现情绪，我的父母就会惩罚我，让我没办法做我想做的事、去我们原本讲好要去的地方。"

阿平突然觉得好难过。

他一直觉得，表现情绪是一件很糟糕的事情，平常和他相处过的人，都会说："我觉得你人很好，不过好像有一道墙。"而他的情绪，就是会在某些时间突然爆发，吓坏身边的人。

阿平开始寻求心理咨询。但在咨询过程中，他一次又一次碰壁，一次又一次的"没有感觉"。

他想着："或许我就是这样了，我就是天生有什么缺陷的人吧！"

某一天，阿平做了一个梦：

梦里的他年纪很小，他正在哭，许多大人包围着他。

他们对他说："羞不羞，男孩子还哭。""你看，别人都在笑你了。""男孩子哭好丢脸，不要哭了。"……

在梦里的他觉得很羞耻、很丢脸。他拼命擦着眼泪，想要让自己不哭，让这些大人不要笑他，但是止不住泪流。

然后，他醒来了，眼角带着泪，心中充满了悲伤。

他终于想起来了："原来，我一直觉得，表现情绪是一件很丢脸的事情……"

会被人嘲笑、看不起，不会有人来照顾我。那种羞耻的感觉，挥之不去。

很多人跟我提到，自己在童年时遭遇到情绪被否定、被压制的经验。有性别的关系，被要求不能表达情绪；也有因为自己的情绪无法被父母接纳，而被否定、忽略的经验。

那种"你有情绪是很丢脸、不好的"与"你怎么可以有这种情绪，会这样，就是因为你太敏感、情绪化"……这类的情绪压制与忽略，其实不停地充斥在我们的生活与文化当中。

## 当孩子心里，装的是父母的感受与需求……

最悲哀的是，在采取"心理控制"教养方式的家庭当中，常出现：只有父母的情绪是情绪、父母的感觉是感觉，孩子是不被允许有情绪自主性的。于是，当因为一点小事，父母情绪爆发，或是让孩子感觉"自己不够好，就会失去照顾与关爱"的这些事情，都是"日常"的时候，孩子就带着这样的创伤长大。

"心"这个容器，装的就不会是自己的感受与需求，而是能主宰他的生活的父母，他们的情绪与要求。

于是，长大之后的孩子，无法辨识、知道自己的喜好，因为能够指引他们的情绪已经瘫痪；即使情绪升起，他们还是会习惯性地以别人的情绪与感受为主，让自己处在"自我需求"与"他人期待"的两难当中。

而最后，"他人的期待"几乎都会获胜，因为这就是他们成长的生存法则。

有些孩子，在经历许多创伤之后，愿意回过头去看自己在这过程真的受伤了，接受父母有其限制的可能性；但是在理解自己的创伤时，仍然不习惯先照顾好自己的感受，而会逼迫自己：

"既然我已经知道他们有困难，也很难改，那我有能力，我应该多做一点。"

但却在这"多做"中，尚未照顾好自己过往的创伤，而会在历经与父母关系中再一次的挫败时，出现更大的情绪重现，而忧郁、愤怒、羞耻感等会一涌而上。

最后变成恨，甚至造成彼此关系的直接断裂与疏离。

而这，是最令人伤心的结果。

## 并非要责备父母

我明白讨论这些互动并非易事，甚至有些父母会感受到被责备，因此会有许多情绪。但我仍强调，谈论这些并非要讨论谁对谁错。因为若这是一个文化习惯，我们没有意识到这些框架，就无法跳脱这样的教养方式。

而若我们没有意识，有时因为父母的焦虑与不安，使得孩子必须以父母的情绪为情绪、以父母的目标为目标时，会让孩子限缩自己的人格发展；或是，当我们使用一些否定人格、否定情绪的语言教养孩子时，会影响孩子对自我的看法、自我价值与自尊，这些伤害就会约定俗成地继续延续下去。

我们要做的，不是讨论对错，而是弥补、改善与预防。

若有机会了解，怎么做能让孩子得到爱与支持、怎么做能让孩子不受伤害、怎么做能让孩子的人格健全发展……了解孩子与大人一样，都是一个独立的个体、是平等的人，需要被平等的对待与尊重，对整个社会都是一件很重要的事。

若当我们在说着这些孩子的痛楚时，却为了父母的感受，以至于必须压制孩子说出自己的伤痛，这又是再一次的情绪压制与忽略。

对于创伤的疗愈与关系的修复，几乎没有帮助。

而爱，也会在这之中消失殆尽，只剩下责任与义务。

那对于父母与孩子来说，不是很可惜吗？

1　程景琳、陈虹仰：《父亲及母亲心理控制行为与子女同侪受害的阔联——社交焦虑的中介影响》，《教育心理学报》2015年。

　　2　吴宜蓁：《子女知觉父母心理控制行为及其对子女的影响——以大学生与研究生为例》，2015年。

# 霸凌

"霸凌"通常具有："权力（或人际关系）的失衡与滥用""受害性的存在""持续性与反复性"这三个要素，也就是："单方面对于比自己弱小（体格、权力、人际关系……）的人，持续进行身心的攻击，使对方产生无比的痛苦。"[3]在《霸凌是什么》这本书里提到，"霸凌"多发生在小孩之间。如果是大人之间，则会用"骚扰"这个词替代。

此外，由于霸凌可能发生在学校、家庭以及其他场合，形式也有许多种类。因此，为避免重复，我这里所提到的霸凌，是针对在孩童时期，在求学阶段，面对与同侪，甚至是老师等大人，所遭遇到的权力不对等的差辱、被攻击经历。

我曾经在生活中、工作中听过许多人与我诉说关于被霸凌的遭遇。在听到大家的诉说时，我发现每个遭遇霸凌的人并没有明显的共通点，也就是说，会遭遇霸凌的原因千奇百怪，也可能与当时的环境与团体的结构有关。

在目前大家最常听到或遇到的，可能是同侪之间的霸凌，以及上对下的教师霸凌。

关于同侪霸凌有较多的文章、书籍讨论，因此，本段将针对"教师霸凌"做一些分享。

## 教师霸凌

"教师霸凌"，就是教师以自身对于学生的标准与期待，以此标签化，甚至不自觉地羞辱学生，抱着"不打不成器、不骂过不去"的心情，认为自己是"为学生好"，带着权威性的态度定义，甚至制造出羞辱与霸凌的环境。

我相信谈到这里，可能会勾起一些人求学的回忆，而我自己也想跟大家说一个属于我的故事。

要述说这个故事，对我并不容易，且它并非是一个典型的霸凌经验，但我仍想借由这个故事，和大家聊聊关于"霸凌"这件事对孩子的影响。

我有一张从来没有拿给妈妈的奖状，那是一张小学六年级当选模范生的奖状。

在我小学五年级时，学校有个优秀学生选举。当时，我是被老师点名出来选举，而后选上。

不过，从小我就非常讨厌所谓的班上选举。因为当时经常出外比赛、没有待在班上，加上性格并不擅长与同侪交往，我喜欢看书，有些人会觉得我"很骄傲""难以亲近"，所以在班上朋友不多，但因为和别班有一些其他的互动，所以别班同学反而跟我关系不错。

所以这次被"钦点"出来选全校性的选举，即使班上同学有一半的人没有投票给我，但我仍然当选，成为那一届的优秀学生。

当时的导师在我选上后，把我妈妈找去，循循善诱。意思是："虽然你女儿选上了，但班上同学这么多人不投给她，绝对是因为她有什么问题，太骄傲了，你得好好调教。"

妈妈回来之后，没有骂我，不过教了我"做人做事的道理"。

于是，从那时候开始，我很努力地察言观色、学会讨别人开心、注意别人脸色：当时我不太看一些爱情漫画，也不太看电视，但为了跟同学有话题，很努力跟上进度，希望可以不再被别人说"很骄傲"。

花了半年多的时间，我自以为自己交到了一些好朋友，"跟班上同学的关系应该也好转了吧"……正这么想的时候，适逢全校模范生选举，老师问了全班，请大家推派候选人。

不意外地，我被提名了，但是选我的，只有提名我的一个男生。

当时的我觉得羞愧难当，恨不得夺门而出。

我坐在座位上低头想着："拜托，赶快让这一切结束吧！"

但当时的老师说了一句话："我还是会叫周慕姿出去选。因为她出去选，才会选上。不过，全班没有选她的人，我要你们上台说'为什么你觉得她不适合当模范生'，让她好好检讨。"

于是，我看着同学鱼贯上台，一个个罗列出我的缺点，说出我不适合当模范生的原因。

有不少同学当时是我的"好朋友"（或者我以为是），他们说不出理由，只在台上哭着说：

"我说不出来为什么不选你，但我觉得模范生应该不是你这个样子。"

或许他们说得对。

从小我就很有自己的想法，很会发问，常常问倒老师。不是笑脸迎人的人，话又很多，不太守规矩。

只是，我看着他们的眼泪，我一滴泪都没流，心里只想着："啊，原来这就是别人对我的看法。"

现在的我，想起当时的感受，那种被老师羞辱、自己不够好的羞耻感、对同学与老师的愤怒与受伤，以及看着同学的眼泪而出现的罪恶感……这些非常复杂的情绪，像海啸一样，一下将我淹没。

最后，我感觉到的，只有麻木感、想躲起来的退缩，还有对世界与人产生极大不信任的感觉。

这些情绪对我来说太难消化。

对当时小学的我来说，只感觉到："原来，我就是不够好的人，需要让老师用这种羞辱我的方式，指出我的错处；原来跟你表面上再好的人，你都不知道他们对你真正的感受是什么。"

所以，接下来的事情，我没什么印象，也没有什么情绪感受，大概就是按照老师的要求，出去选了模范生，发表了演讲，然后如老师所料，我高票当选。

## 唯一一张没有给妈妈看的奖状

以前，我是一个很在乎妈妈开心的人，所有的比赛从参加到结束，得奖与否，都会让妈妈知道，特别是奖状，我一定会拿回家。回家的路上，想象妈妈开心的心情。但这一次，我完全没有跟妈妈说我出来选举的事。选上之后的奖状，被我丢到了学校垃圾桶没有带回家。

也是从这个时候开始，我就非常害怕同侪。我没把握自己可以被接纳、被理解；但我知道，只要我把自己变得很厉害，至少我可以不在乎这些攻击，或是说，我可以假装不在乎，只要我认定自己是个人缘很差，一定会被讨厌的人。

只要我能力好，可以做到别人眼中的成功，我就能找到自己的一席之地。

只是，偶尔我也忍不住想："为了避免这种害怕，我这么努力地增进自己的能力。只是，这种别人眼中的成功，对我到底有什么意义？"

现在的我，回想起这段经历，才慢慢理解到，这件事情其实只是导火线。

当时，老师时常拿我跟其他同学比较，说着："你们要像她这样，不用上课成绩都那么好，我就不会骂你们。"

受到羞辱的同学们，很难不把气丢在我身上，加上我与大家的相处时间太少，很容易成为一个"被愤怒"的对象；另一方面，老师一直觉得他是"为我好"，认为我会被同学讨厌，"一定是我有什么问题"，因此必须"不遗余力"地调整我。

或许是好意吧，但受到羞辱的两边，不论是同学或是我，没有人的"好"能在这样的羞辱中存活或滋长。

最后剩下的，多半是愤怒、羞耻，甚至是说不出口的受伤。

## 孩子隐微、难以辨识却又常见的羞辱创伤

"教师霸凌"是最难被辨识的，因为有些老师会认为"你做错事，就应该被惩罚，而这个惩罚就是羞辱你，或是肢体与言语上的暴力"。

带着这种"我的标准才是正确、最好"的权威态度，以及与

学生拥有不对等的权力，使得这类的霸凌，在我们过去的求学经历，甚至延伸到部分现今的教育环境中，成为许多孩子隐微、难以辨识却又常见的羞辱创伤。

另外，这类的否定，对于施予羞辱者来说，有时候目的不一定是"为你好"，而是为了"发泄情绪""控制对方"，但施予羞辱创伤者可能没有意识，或是不想承认，因此用"我是为你好"作为保护伞与施行这个行为的"合理性"理由。

也就是说，当我们否定、羞辱对方时，借由否定对方的过程，可能会感受到一种控制的、羞辱他人的快感，甚至能在辱骂或肢体惩罚中，发泄自己的"被冒犯、标准被挑战"的情绪；而且这种感受到"自己是有能力的、是好的"的感觉，会使得这样的羞辱更容易发生，也会让施予羞辱者内心因此得到肯定，更认为自己这么做是对的。

就这样，呈现了一种"鸡生蛋，蛋生鸡"的恶性循环。

而没有一个被这样对待的孩子，可以从其中得到进步的动力；孩子只能在这样的创伤中，学会让自己如何在怀抱这个伤中往前走，以及怎么走，才不会那么痛的方法。

即使这个走法可能会让我们看起来歪七扭八，可能会让我们不敢迈开步伐、不敢走向自己想走的目标，成为自己想成为的人。

因为创伤的关系，使我们已经无法相信自己的标准，只能下意识地去抓取别人对我们的期待，然后为了不怕被伤害，下意识地去顺从与达成。

3　参见森田洋司著，李欣怡译：《霸凌是什么》，经济新潮社出版。

# 四　羞辱创伤的影响

遭受"羞辱创伤"的孩子们,内心可能会一直回荡几个问题:
为什么是我?
我该怎么做才可以不被伤害、可以不会感觉到那么痛?
是我就这么糟,还是这个世界太糟?
这个世界有可以相信的人吗?会有人爱我而不会伤害我吗?

前文我谈到羞辱创伤可能引发的症状，而为了去避免、适应这个症状，特别是对我们来说，像是情绪海啸般的"情绪重现"，因此，我们会开始发展出自己的防卫机制。

这些防卫机制，随着原本是孩子的我们长大，会因为进入社会、适应生存，而有一些调整与变形：变成更为精致化、社会化的"因应生存策略"。

关于羞辱创伤的影响，我们需要理解：所有发展、出现的形式，都是还是小孩的我们，努力找到让自己在这样的伤害中可以生存下去的方法。

事实上，除了发展出因应的防卫机制来保护自己，让自己受伤不会那么痛之外，遭受"羞辱创伤"的孩子们，内心可能会一直回荡着几个问题：

■为什么是我？

■我该怎么做才可以不被伤害、可以不会感觉到那么痛？

■是我就这么糟，还是这个世界太糟？

■这个世界有可以相信的人吗？会有人爱我而不会伤害我吗？

而这几个问题，又分别会使孩子形成几种核心信念：

■为什么是我？——负面自我认同与自我归因

■我该怎么做才可以不被伤害、不觉得痛？——因应的生存策略

■是我糟，还是这个世界太糟？——对世界的负面看法

■这世界有可以相信的人吗？有人会爱我而不伤害我吗？——对关系的不安全感

从这些问题中，我们就可发现，其实这些问题就是孩子们找寻如何解释、适应这些创伤以利生存的状况。

而这些被伤害的孩子们，就在找这些问题的答案中，被羞辱创伤一点一滴地侵蚀影响着。从一开始的防卫机制中，慢慢形成了自己的核心信念，与因应痛苦的生存策略。而这些，都是羞辱创伤对我们的影响。

# 自我防卫机制

## 战、逃、僵

在面对压力时，"战、逃、僵"是我们最常见的防卫机制，保护自我免受更大的伤害，而这些防卫机制，重点其实都是在"控制"。

例如，"战"最常呈现的样子，是"迎战"，也就是面对不安时，是靠"控制别人"来觉得安全。可能是攻击对方、对抗对方的否定，甚至过度自恋、需要自我表现与被肯定。

也就是说，借由"控制别人"让自我感觉变得良好，就成了"战"常见的展现。

而"逃"的展现，重点也是"控制"，但却是"控制自己"：让自己变得完美无缺、各项细节做到一百分，或是让自己处在"可控制"的环境，不会有太多不可预料的事情发生。

这种"控制自己"让自我感觉良好，就是"逃"的最明显展现。

关于"僵"所控制的，就是"让自己没有感觉"，也就是"控制不痛"。让自己解离，甚至自我放弃，觉得自己被羞辱是应该的，如此就不会有太多的挣扎或痛苦；或是使用物质来降低自己对生活、对自己失望的感受，退缩在社会之外，就是"僵"常见的展现方式。

有些时候，这些防卫机制不会单一出现，很可能同一个人在面对羞辱创伤所引发的情绪或是与他人相处时，会出现混合的状况。

但这些防卫，都是为了有"控制感"的自我保护，希望未知的痛苦不会在毫无准备的情况下落在自己身上，以免感受到难以言喻的痛与海啸般的情绪重现。

## 讨好

"讨好"可说是当我们遇到危险时，除了"战、逃、僵"之外，一种由应对人际关系而发展出来的防卫机制[1]。比起战、逃与僵，"讨好"似乎是一个更社会化，且更具有效能的一种防卫机制。

使用这个防卫机制，必须让我们放下自己的感受、情绪与需求，努力迎合造成我们羞辱创伤者的需要；也就是说，用这个方法时，必须把我们心里的自己倒出来，装满对方——那个伤害我们的人。

我们的心会在这样的过程中，感受到不忿、挫折，甚至觉得"自己真糟糕"的羞耻感。

可是，使用"讨好"作为防卫机制的人，会很快丢下自己的这些感觉，因为那些混合着焦虑、恐惧与自我厌恶等的"情绪重现"太过难忍，而在羞辱创伤中成长的孩子，也几乎没有学习到如何安抚自己情绪的能力。

因此，我们可能会放弃安抚自己，而学会安抚别人，达到别人的标准，借此让自己感到暂时性的安心、安全感，并且安慰自己：

"至少现在能做到对方要求的我，是好的。"

如此，我们很容易变成别人用来满足需求的工具。我们的自我价值与意义感，也变成建立在"我做了什么事"上，而不是"我是怎样的人"。

## 否认

遭受羞辱创伤的孩子，还有一种常见的自我保护方法，那就是否认。

"否认"是受创伤的孩子很常见的防卫机制之一。因为责怪施予创伤者对他们来说太痛苦，那似乎代表着对方可能不爱自己，或是会遭遇这样创伤的自己是不值得爱的、有问题的。

前文有提到，"羞辱"带有控制他人人格的意义在，而"羞耻"让人会想隐藏这样的情绪与事件。因此，对于许多受创的孩子，甚至成人而言，"否认"这件事的存在或被发现，可以让他们安慰自己：

"这件事情其实没有发生，情况真的没有那么糟糕，我还是被爱的。"

因为对于受创的人们来说，承认羞辱创伤的存在，或是进行着，都很难不先经历一种被拒绝、关系被撕裂、羞耻与罪恶、无助与无力的感受。

而且，当应该保护自己的人，成为对自己威胁最大的人，我们不免会开始怀疑这个世界是否安全，觉得自己遭受遗弃或被"背叛"，那使得我们的安全感、自我感全都消失，是一种足以毁灭我们自我世界的感受。

因此，"假装没有发生"其实是比较简单的方法，尤其是经常体验到"退缩麻木"，或使用"情绪隔绝""解离"来保护自己的孩子，更容易会出现这样的状况。

"否认"最常会以这两种形式出现："遗忘与放空""淡化与合理化"。

#### ◆遗忘与放空

在遭受"羞辱创伤"后的许多孩子，即使长大成人后，时常会"忘记"创伤当时发生什么事；或者是时常处于放空或失神的状态。

这种"半解离"或是"解离"的现象，实际上是在创伤遭遇后，留下来保护孩子的一种状态。当我们遇到太难忍受、太难理解的被对待方式，为了不去再次感受那样的痛苦，把自己放空，甚至解离——让自己的意识不在自己的身体里，甚至像旁观者一般地看着被这样对待的自己，会让这一切似乎能够忍受一些。

我遇过很多这样的大人，特别是在依附类型中偏向"逃避依附"者，时常使用这样的方法来处理那些创伤与情绪。只是，这样的隔离方式，让我们可以隔绝伤害和痛苦，却也会让我们隔绝情绪、隔绝自己和他人。

于是，生活中愈来愈失去感觉，愈来愈没有生存的意义，自己因为害怕被伤害建立起牢笼，生存在其中的自己，却慢慢成为行尸走肉的傀儡。

心，也就这样被遗失了。


◆ **淡化与合理化**

我工作时遇过许多人遭遇过极为严重的羞辱创伤。但一开始他们都会告诉我：

"其实，我觉得这样还好啦，没那么严重。"

"我可以理解，父母当时会这样，是因为他们也有困难，我可以懂。"

"当时他们也不容易，会这样对我们也无可厚非。"

这种"淡化与合理化"的解释方法，其实常见于我们的日常生活。例如：

当你在一份工作中被不公平对待，你可能会跟自己说："虽然我在这个工作，常会被羞辱、被不公平对待，但跟非洲的难民比起来，我能有一份工作，可以糊口，已经非常幸运了。"

如果你的家境还不错，当你鼓起勇气说出你的童年创伤，会有人告诉你："你不要抱怨你的童年了，你可以不愁吃、不愁穿，应该要感恩了。"

"拜托，这样你都不满意？你已经命很好了，好吗？！"

类似这样的经历，不胜枚举。

也就是说，这个"淡化与合理化"的否认机制，不仅仅是孩子在小时候会这样对自己；长大之后，就算他不这么做，也会有人提醒他该这么做。

否则，就是"不懂得感恩，只知道抱怨的坏孩子"。

于是，我们就会发现，在这些否认机制下的创伤，并没有被修复，而是被否认、被掩盖。

所以，当它有一天大到没办法让人承受、掩盖的时候，它会用极大的力量爆发。

有些人会变得极恨对自己做出这样事情的人，甚至忍不住去报复，或是把这样的情绪丢到别人身上，变得浑身是刺，影响他的人际关系。

或是，更常见也更简单的，在社交网络中到处攻击别人，在许多地方留下他的怨恨。

而那些都是伤。

## "感恩"与"创伤知情"能同时存在

"感恩"与"创伤知情"，这两件事从不互斥：我们可以谢谢别人的善意与照顾，却不代表我们因为这样的照顾，而否定他可能曾经在我身上造成的创伤。

他可能有困难，可能当时他也不容易，甚至他可能也是羞辱创伤的受害者而不自知；但是，他曾经在我身上造成的创伤，不会因为这些理由而被磨灭。

因为，我的感觉，对我是最重要的。我尊重我的感觉，不代表我一定会去怨恨或伤害别人。

但是，在界限不清的社会文化中，为了维持"上对下"的阶级地位，有时我们连"保有、承认自己的感觉"都不被允许；连仅是试着看到自己的创伤，都被认为是种背叛，"不懂感恩"。

这还是回到我之前谈到的，那种文化性的"抓交替"：

一旦我也不允许自己去感受这些伤，你又凭什么可以这样做？这样做，就像指责我一样；以前别人这样对待我，我都忍了，你凭什么过那么爽？

在这样的心情下，有些人会尽其所能地捍卫这个机制，而在其中失去对他人、对自我的怜悯与同理心。

而我认为，这种因为文化性而建立起来、代代相传的"否认机制"，其实是我们带着这样的创伤经验，被动接受最难忍而最残酷的对待。

不论是"战、逃、僵或讨好"，甚至"否认"，都是这些受创的孩子们为了自我保护、自我安抚以"活下去"的方式。

事实上，面对因为"羞辱创伤"所引发的情绪重现时，每个人的因应策略有所不同，为了不去面对这些难忍的情绪与伤口，除了一开始的这几种防卫机制外，也会慢慢形成一套属于我们自己的"因应的生存策略"，用以保护内心不再受伤，或者不用再去感觉与处理这些伤口。

只是，这些伤口可能会在这些因应的生存策略慢慢变得无效，或是需要与他人建立真实的情感联结时，再次暴露出来，而让我们手足无措、束手无策。

那时的我们，可能会更努力地施行这些无效的防卫与策略，企图想藏起受伤的自己，却没想到，这可能反而伤害我们与自我、与他人的关系。

1　彼得·沃克著，陈思含译：《第一本复杂性创伤后压力症候群自我疗愈圣经》，柿子文化出版。

# "为什么是我？"——自我归因与投射性认同

当我们的生活，或是自身出现"危险"、发生变化，让人不安，或面临极大改变等自我无法马上消化、承受的事时，我们很习惯会想要去"找一个理由"，解释为什么会发生这样的事。

我们可能会"内归因"或"外归因"："是因为我而造成的"，或"是别人／环境造成的"。

随着长大、遇到愈多的事、对世界的理解愈深，我们愈可以合理评估这件事的归因为何，以此作为"预防危险再度发生"与"安抚自身情绪"的方法。

## 我会被父母羞辱，是我的错

而在孩子早期的发展阶段，若遇到创伤事件时，内心很容易出现这样的疑问：

"为什么是我受到这样的伤害？是因为我做了什么？还是我本身是坏的？"

这时候，如果没有大人从旁协助，孩子很容易会出现"自我归因"的状况，那就是：会发生这样的事情，都是我造成的。

尤其当伤害孩子的，是孩子渴求爱、期盼可以依靠的父母时，对孩子而言，去责怪父母实在太难。因为，若父母真是坏的，在这个世界上，他们还可以相信谁、爱谁与依靠谁？所以，孩子倾向将受创的归因放在自己身上。

此外，在"羞辱创伤"中，孩子与父母还会形成一种特殊的关系，就是：父母会把自己无法承受的、坏的或脆弱的部分，投射到孩子身上。例如，受到羞辱创伤的孩子，父母会对孩子使用的语言，也多半是将自己情绪发泄的理由归因在孩子身上。因此，孩子会潜移默化地接受这个对自己最重要的人的归因：

"父母会这样羞辱我，都是我的错，都是我的问题。"

这就是所谓的"投射性认同"。

负面的自我认同于是逐渐形成，影响孩子对自我的看法、防卫机制，以及日后的生存策略。


## 负面的自我认同：用以解释自己会被这样对待的理由

在自我意识仍强的童年时期，不论是施加羞辱创伤者，或是我们自己，都很容易将被对待的方式怪罪在我们身上，也就是说，我们会觉得：我会被这么对待，是因为我不好或我做错事。

特别是羞辱的创伤经验，本身就会引发强烈的羞耻感与罪恶感等负面感受，对于情绪发展尚未完全的孩子来说，是非常巨大的负面情绪经验。如果这个羞愧本身包含"惩罚"，更是难以消化，"怪罪自己"也可以达到一种"自我惩罚"式的安慰。

因此，"负面的自我认同"时常是遭受到羞辱创伤（或童年创伤）的孩子们会出现的状况。因为被这样对待，会觉得不安全、恐惧，不过当我们能够为这样的状态找到一个理由，"至少我就知道我可以怎么做"，来避开这样受伤害的状况。

而对孩子来说，"自我认同"的形成，有一大部分是因为早年经验于"我在别人眼中是如何的"，因此遇到羞辱创伤时，解释成"是我不好"虽然痛苦，但"会让我知道可以怎么因应"。

更何况，在遭遇羞辱创伤的当时，施加羞辱创伤的人，多半是权力位阶较高的人，"我没有机会改变他，我能改变的只有自己"。因此"是我不好"的这个想法，会让人因而出现一些其他的因应策略，可以让这样的痛苦状态比较熬得过去。

不过，这种为了"适应"而出现的负面自我认同，会侵蚀自我理解、自我接纳与自我保护的能力，并以几种内在形式表现：

#### ◆自我感觉不良、自我厌恶、批评与轻蔑

遭受过羞辱创伤的孩子，无一幸免的是，容易对自我感觉不

良，也就是有不好的自我形象。

另外，容易复制父母或是他人曾经对待自己、让自己遭受羞辱创伤的方式，因此容易自我厌恶、自我批评与怪罪，甚至会轻蔑自己。

### ◆容易自我怀疑、难以建立自我标准、自我接纳困难

由于在过往的成长经验中，大多数遭受过羞辱创伤的孩子，都曾有过"有情绪的自己"被否定、被羞辱或是被忽视的经历，因此，对这些孩子来说，"有情绪的我，是不好的""我的情绪是错的""我的情绪会造成别人困扰""有情绪就代表脆弱与不理性"……这些想法会一直笼罩在孩子的心中，让孩子在探索自我的成长过程里，没有父母可依赖，也没有自我的感受可依凭。

最后能够依凭的，只有他人的情绪反应与评价标准。

## 孩子用"虚假的自我"，求得生存

所以，这些孩子会花很多时间努力去做到别人希望自己做到的事，甚至为了适应环境，演化出"虚假的自我"——因为真正的自己、那些靠自我感觉所累积出来的真实自我，是不被接纳的。

于是，孩子为了生存，只好慢慢累积出一个符合身边的人、社会标准所接纳的"虚假自我"[1]。

而当我们为了生存，内化了羞辱我们的人所给的标准与看法，让我们都以别人的标准为主，时常怀疑自己的感受，甚至否定自我情绪，这会使得我们没有机会知道自己的喜好，也没有机会建立属于自己的标准。

因为，要建立自我的标准，我必须以我的情绪、感受作为线索，试着在社会中与他人互动，如此，才能慢慢地了解：若我要与世界、与他人建立关系，我要把自己的界限设在哪里。哪里是不会侵犯到别人，又可以不委屈自己的位置。

在这个过程中，不可能不犯错，也不可能不冒犯到别人或不委屈到自己；但若我能够学会尊重自我的感受，我必然也会尊重别人。那么，慢慢地练习，我就会摸索出自己的界限和标准。

但若我不能感受自己的情绪，我的心只能用在感受他人情绪时，我自己永远是空的，而我的情绪，也会因为他人的情绪起伏，不再为我自己所用。

因为，心是一个容器，装满了别人，就装不下自己。

### ◆无法自我保护

如果我们必须以别人的情绪与评价作为我们的生存法则时，曾经遭受过羞辱创伤的我们，又因而对自己的感受被忽略、被践踏，甚至对自己被否定、被攻击等经历不陌生，这会使得我们对于别人错待我们、羞辱我们或是侵犯我们的经验，更容易"忍受"。

因为这种痛我忍受过，而且，我很熟悉。

在过往经验中，遭遇羞辱创伤的人们，时常陷入"没有人教导自己是可以保护自我认同与自我感受"的困境，因此，当日后再遭遇到类似情景，很可能用"认同"伤害我们的对方所评价我们的方式，协助自己不要出现"认知不协调"的状况。

但是，在长大的过程中，一些其他的标准与想法会进入、累积我们的知识，形成我们的思考与想法，因此，我们会有一些经验，可以"理性判断"知道自己是没错的，但却又放不下那些"他人"强加在我们身上的否定、贬低、期待，或是羞辱感与指责。

于是，我们就很可能陷入两种标准的拉扯中，而最后赢的可能是别人的标准；又或者，我们可能不按照别人的标准去做，但心里却又隐隐觉得这样的自己很自私。

这种"无法自我保护"的现象，也会出现在我们情绪重现时，这使得我们没有能力安抚自己，告诉自己，这些羞耻感并非我应得的，而是会陷入那种被否定、被贬低、被羞辱与不被爱的感受当中。

那并非是因为我们没有能力，而是因为当我们遭受创伤时，"保护自己"的能力，就在我们为了生存而学会尽可能保护别人的感受中逐渐被侵蚀、剥夺，最后，我们失去了保护自己的能力。

此后，更容易深陷在被剥夺、被羞辱、被伤害的关系当中。

#### ◆习惯的羞耻感与罪恶感

当我们被迫忽略自己的情绪经验，常存心中的，却是羞辱创伤所留下来的羞耻感与罪恶感。

最常见的情况是：当我们与他人互动时，可能场景类似与父母或是给予羞辱创伤者的互动方式，于是勾起了我们的创伤经验。

那些混乱的情绪重现，以及因创伤而内化、存在于我们心中的羞耻与罪恶感，就会像"内伤"一样，侵蚀着我们的自我与自尊。

这些"内伤"可能毫无预警地出现，让我们动弹不得，因而会想要做出一些事情来转移、减轻这些内伤带来的痛苦与无助，而这，其实就是"因应的生存策略"会一直被发展，甚至精致化的原因。

这个"因应的生存策略"如同盔甲，我们想象它可以保护我们，不受这些内伤侵扰。

只是，后来我们会慢慢发现，即使这些生存策略发展得再精致，也无法掩盖我们内心的羞耻感与罪恶感。

因为根本上，遭遇羞辱创伤的人们，永远都相信着那些伤害自己的人所说的话，那就是：

■你是不好的。

■都是你害的。

■你会遭遇这一切伤害，都是应该的。

■你必须依存别人的感受和评价过活，否则你就是没有价值的。

最伤心的是，有许多人，即使被这样伤害着，在内心深处仍隐隐渴望着这些伤害着他们的人的爱；于是，这个"渴爱"的感觉被记了下来，让这些受伤的人们，在其他的重要关系，甚至所有的人际关系中，都带着这些无法摆脱的羞耻感与罪恶感，去与他人互动。

◆ **情绪起伏大、冲动愤怒与焦虑**

一旦我们的心时常带着罪恶感与羞耻感，与他人的关系也容易勾起过去的创伤经验。如此，只要与人互动或独处时，我们都可能时常处在"情绪重现"的状态，十分难忍。因为这状况就像是：我们的伤口一再地被揭开，而且是在我们毫无准备的时候。

"过度警觉"的状态，结合这样的痛楚，会让我们的情绪反应时常一下子达到顶点，而我们却毫无觉察或无能为力。

因为，在羞辱创伤的经验中，我们已经被剥夺了学会理解自己情绪与安抚自己的能力，而把力气用在安抚他人上。

毕竟，那是我们的生存法则。

所以，我们可能会很容易因为一点小事而焦虑，也可能会因为一点小事而觉得被冒犯，情绪起伏非常大，却时常无法理解：

"为什么对别人不是那么严重的事，但我却会有这样的感受，情绪起伏那么大？"

当我们有这样的想法时，惯性羞耻与自厌惩罚，例如"有情绪就有问题、自己不够好"的羞耻感与罪恶感，又会一涌而上，让情绪起伏更大……这个过程，就让我们更深地陷入自我厌恶的恶性循环中。

而情绪，就在当中起起伏伏，没有被安抚的机会。

### ◆难以忍受独处

遭受羞辱创伤的人，其中有一些人，会难以忍受独处。

事实上，如果我们被剥夺了自我安抚情绪与自我理解、接纳的能力，"独处"对某些人来说，将是一个相对恐怖的情境。

因为，当我一个人时，那些我想要抛诸脑后、平常用很多方式去逃避的感受，常常会一涌而上，让我无处可逃。因此，有些人为了逃避这样的状态，施行许多因应的生存策略，填满自己的时间。

例如：让自己忙于工作与学习，一停下来就觉得恐慌；

过度努力，焦虑时就觉得要做一些事情，让自己感觉有进步；

或是逃到酒、购物等物质依赖，甚至是性与关系当中，让自己可以不必面对这么可怕的时刻。

独处，其实就是与自我面对面的时间。如果我无法建立与自我的关系，甚至我吸收了过去伤害我的那些人对我的厌恶感，使得我也认为自己应该被这样伤害、被讨厌的时候——

我是没有办法去面对这样的自己的。

而因应的生存策略，其实就是帮助我们不必去感受那些恐怖的情绪，也不必去面对那个背负着原罪，却被自我所厌恶着的、真实的自己。

1 关于"虚假自我"，由于是"因应的生存策略"的一环，后面我们会再详谈。

# 我该怎么做，可以不再被伤害？
## ——僵化的防卫机制与因应的生存策略

当我们受创后，会慢慢发展出自己因应生活、为了适应的生存策略。这个策略主要有几个目的：

■帮助我面对难以忍受的状态。

■帮助我隐藏真实的、会被羞辱的自己。

■帮助我调节情绪、面对情绪重现时的自我安抚。

以下谈到僵化的防卫机制与因应的生存策略，有些方法可能兼有以上两项，甚至三项功能。不过因为这些发展出的方法，仍然有其最主要的功能，所以我们就从主要功能来分类。

### 僵化的防卫机制：用于面对难以忍受的状态

#### ◆失去感觉／情绪隔绝

失去感觉／情绪隔绝是许多遭受羞辱创伤的人们，最常见的一种防卫机制／生存策略。特别是在重大事件、危机发生时，这些受过创伤的孩子，早已学会"把自己情绪关掉"的按键，因此有些时候，这些孩子、大人，反而会展现出极为可靠的样子——他们绝对可以"先解决事情，再处理心情"。

可以把情绪暂时关闭，处理危机，原本也是我们人类的本能之一，是为了因应危险来临时的一个自动化反应。

但是这些受伤的孩子们，因为时常身处在威胁的环境中，情感与自我不停受伤，于是让他们学会了关闭情感的能力。但那些被关闭的情感，却没有机会被看见而能被照顾、安抚；因此，事情处理完之后，心情，就不知道去了哪里。

因为，这些情绪被自动化地压抑到最深的地方，让人无法觉察，我们就会觉得安全、可控。

即使这其实是错觉。

这种情绪关闭的能力，有时候会因为"太被肯定"而被加强。例如这些受伤、习惯会情绪隔绝的孩子们，在没有特别觉察时，长大后，可能会选择一项不需要耗费太多情绪的专业工作，特别是专业工作能够帮助使用"逃"策略的人，控制自我、修补自尊、建立"假我"的面具，且脆弱的自己可以藏起来，因此，这类工作更容易被这些孩子们青睐。

问题是，当我们处在时常需要解决问题，或是需要关闭情绪的高压环境中，"情绪隔绝"这个防卫机制会被发展得更加自动化。

或许我们解决问题的能力会更好，但原本已经很贫乏的情感能力，更加被压制、被忽略，于是对自己的情绪更没有觉察，而到某一天它爆发时，又更因为害怕而压抑它。

可是，如果"情绪隔绝"这个能力没有被觉察，我们就会十分仰赖它，而当想要感受些什么时，它会比我们的意识更快感受到威胁，然后就切断我们对情绪的感知。

关于"情绪隔绝"的"自动化关闭情绪"功能，可以用一个例子让大家理解：

在电影《人生遥控器》（*Click*）中，男主角得到了一个神奇的遥控器。使用这个遥控器，可以让他避开所有觉得无聊、痛苦、难忍的时刻。

可是，当他得到因为略过这些时刻的好处时，他才发现，他再也没有办法去感受这些时刻。

因为遥控器有记忆功能，于是只要遇到类似的场景，包含和妻子冲突的痛苦、等待升官或累积工作成果的焦虑难耐与自我怀疑，甚至是与妻子的亲密过程……他都只能略过。他用"自动导航"模式来面对生活的所有细节，只为了最后的目标：得到人生巅峰的名利。

但他发现，当他一直呈现"自动导航"——也就是情绪隔绝模式时，他对生活没有感觉。这些名利即使得到了，对他也没有意义。

而且，因为他把情绪关掉了，他身边重要的人，没有人接触得到他，只能感受到他汲汲营营的、毫无感情的要求，以及因压抑情绪而时常出现的焦虑与暴怒。

他变成了一个冷血的人，身边的人一一离他远去。

而这，从来不是他想要的结果。

故事的最后，导演很善心地让观众与主角知道：这是一场梦，你还有挽救的可能。

但是，日常生活中，即使我们是因为受伤了，才使用这样的策略，但过度使用、策略过度自动化与僵化，仍然会伤害自我与他人的关系，有时甚至难以挽回。

我看过很多个案，因为失去了生活的感觉与意义，来做咨询想要找回自己的心与感受。面对这个模式时，虽想要调整，但一开始却不容易，因为敌不过它的自动化——毕竟，它努力保护了我们那么久，很难说调整就调整。

因此，愿意慢慢把心打开，需要勇气，也需要决心与耐心。


◆ **说教、笑与打岔、投射、分裂**

受到羞辱创伤的孩子会以"否认"作为其中一种防卫机制，这部分，我们在前文谈到"羞辱创伤的症状"，已有讨论过。在这里所提的"否认"，更是以一种以适应为目的、僵化的生存策略来展现。

最常见的，除了否认这件事情曾经发生，也试图告诉其他人，"其实对方也有难处""我没有你想像中的难受"等，试图淡化并忽略自己的情绪感受之外，还会以几种常见的形式出现："说教""笑"与"打岔"、投射与分裂。

◎说教

"说教"这个形式，可能我们都不陌生。当孩子被羞辱、自我的情绪感受被否定，去理解自己的感受变成是不被允许的事情（当然，也没有能力做到）的时候，对自己"说教"，就成为一个很方便的手段。

■ *因为这样才是对的。*

■ *社会是这样运转的。*

■ *这样才叫孝顺。*

■ *吃得苦中苦，方为人上人。*

■ *有磨炼，才有进步。*

■ *爱之深，恨之切……*

这些流传已久的话语，常会担任说服受到这些创伤的孩子去接受这种受辱的"帮手"。

这些"说教的话"，乍听之下因为耳熟而显得有道理，但却经不起深入的反思与辩证。但是，因为这些话语太过耳熟，甚至连父母、师长与社会的"大人"们，都会用这些话来说服我们，于是，很有可能就囫囵吞枣地被接受了，用以说服自己不要去感受。

不要感受到受伤、不要有感觉，只要守规矩就好。

当我们失去了对自己的理解与感受，我们也就失去了对他人的悲悯与同理，于是，遇到别人有类似情形时，我们也会"说教"：用别人说服我、用我接受以安慰自己的伤的那套说法，来说服别人。

代代相传，我们成为让彼此的心变得刚硬如铁的教练。心因此不会痛，但也不复存在了。

◎　"笑"与"打岔"

除了"说教"之外，还有一种根源于"否认"而被发展出来的防卫机制：那就是"笑"，甚至"笑着打岔"。

我见过许多人，在谈论自己的创伤事件时，总是带着笑的；他们很难停留在自己受伤的感受当中，时常会用"笑"来解救自己。

没错，"笑"是用来解救自己的，用来帮助孩子抵挡情绪重现，也用来自我安抚，让孩子觉得自己好像没那么悲惨。

"好像笑了，有些事情就撑得下去了，就可以当作没事了。"我曾经听过这句话。

只是，笑却也是个陷阱。

我印象很深刻的是：许多受到羞辱创伤的个案，在描述自己的创伤经历时，眼泪掉了下来，但他们还是笑着。

"好奇怪喔，我一点都不觉得难过，怎么还是会掉眼泪呢？"

他们笑着、打岔着，想要安抚自己和对面的我，让我知道他们没有这么难受，经历没有那么糟糕。

因为，若没有这么做，"我担心自己会忍受不了这个痛楚。我怕我隐忍许久的那些苦痛会倾泻而出，而我会崩溃"。

那是所有忍受着这些创伤的人们，内在最担心的事情之一。

怀抱着这些不能告诉别人，也不能被自己意识的痛楚，他们就像走在钢索上的人。一不小心，若藏在深处的痛楚包袱被掀开，他们将会整个被淹没，再也无法保持平衡，只能坠落。

为了在"生存"的钢索上活着，他们只能用这些方法，帮助自己转移注意力、忘记痛楚，也帮助自己活下去。

只是，当我看着他们笑着掉泪，还告诉我一切无所谓时，我更深深感受到，那份无法言说却深入骨髓的痛楚。

如果我们连自己的感受都不能够相信的时候，连自己的痛都不能承认的时候，那这样的自己，还是自己吗？

◎投射

当我们开始使用"否认"的防卫机制，我们想否认的不仅仅是被羞辱的经验，我们还会想要否认那个被羞辱、被认为不够好的自己。

有些人会把他深深埋藏起来，用许多面具、假我包装，用关闭情绪隔绝起来，这样就可以不用看到那个脆弱的自己。

但有些受伤的人们，除了会用这些方法之外，还会用一种方式，让这个"糟糕的自己"可以暂时不留在自己身上，那就是"投射"。

"投射"的意思，就是我们把部分的自我，丢到别人的身上。那部分可能包含的是：理想化的自我、被隐藏的特质、不够好与脆弱的部分、不被社会或周围的人接纳的部分等等。

举例而言，有许多人发现自己在选择伴侣或朋友，可能会选择与自己性格相反的人：活泼的人可能会找文静的人，内向的人可能会向往外向的人……这些选择，其实与我们内在也有这样的两面性有关，但为了生存、适应环境或是因为某些创伤与恐惧，我们选择了比较能被接受的样貌并展现出来，而另一方面的特质，就可能被压抑。

但当我们遇到能展现出我们所压抑特质的对象时，带着某种羡慕与理想化，我们可能会想要靠近这样的人。

不过，这里说的投射，比较类似前文提到的"投射性认同"，那就是我们将自己无法接纳自己的部分、觉得羞耻的部分，丢到其他人身上，特别是若其他人有类似这样的特质，我们会用鞭笞自己、否定自己的方式，去否定、羞辱其他人。

例如：小明曾经在小时候因体型而被嘲笑，于是小明努力保持自己的体态。但当遇到其他和自己过去一样体态的人，小明会比其他人更残忍地嘲笑、羞辱对方。

又比如，明显反对同性恋的"恐同"男性，后来被发现其实是同性恋，这种例子也不在少数。

这类的例子，其实告诉我们一个道理：

那些因为创伤或各种原因，被我们否认的、不看的，甚至丢出去的自己，最后都会回来找我们；除非我们把它们认领回去，否则我们一辈子都会被这些过去的幽魂纠缠。

而这，就是荣格心理学里谈的"阴影"。当我们愿意认领，我们就开始了属于自我的、成长的"个体化"旅程，而这也就是完形心理学所谈的"完形"——也就是，我们终将找回完整的自己。

◎分裂：理想化与贬抑

在小时候受虐、受到羞辱创伤的孩子中，内心几乎必然会出现一种状况，那就是"分裂"。

"分裂"是一种自我保护的方式，也是一种看世界的方式。

当我们承担着极为沉重的羞辱创伤、承受着施予羞辱创伤者对我们的投射，当我们感受到自己是不好的、别人伤害我们时，我们仍然会想要挣脱这种无力与受伤的情况。特别是，当伤害我们的人，是我们重要的人，或是具有权势者，例如父母、师长等。

如果我们仍须依靠对方的照顾与保护，当他们把他们的"坏"投射到我们身上，或是对我们施予一些虐待与羞辱时，我们会想要"保护"他们的好，以让自己还能有一块安全感的净土。

所以，把这个"坏"分裂出来，帮他们找理由，甚至解释成

"是我不好"，那么，对方的好就可以被保留下来，那我们还有可以信任的人，有被保护的可能，而可以觉得世界没这么糟。

但也有可能，对方的对待，让我受伤，于是我直接否定他，之后遇到类似的人、类似情况，因为太害怕受伤，我会一直重演一样的场景。

这就是所谓的"全有全无"——理想化与贬抑，也就是孩子世界中最常见的：绝对的好人与绝对的坏人。

于是，在日常生活中，可能会突然很相信、理想化一个人，认为对方是可以解救自己的；却也可能因为对方的某个勾起自己过往被虐待、被羞辱创伤的一个行动，直接被打入"这个人好糟糕"的分类里，甚至引发对这个人的攻击。

另外，还有一种情况，如我们前文所说，当孩子的自我认同仍不稳定，却遭遇到施予羞辱创伤者的"坏"行为时，很多时候，孩子不一定有能力把这个"坏"丢出去、知道可以归咎在对方身上，而是把这个"坏"吸收进来，变成是"我坏，所以你才会这么对我"。

于是，孩子也会想把自己分裂成两个：一个是坏的、要承受这一切的我；一个是努力变好、可以让自己摆脱这一切的我。

这种"分裂"，在遭受羞辱创伤的孩子中非常常见，影响他们对自我，还有对世界、他人的看法，也改变了他们与自我、他人的关系。

## 相信完美才会被爱：隐藏真实的、不够好的自己

### ◆虚假的自我

当我们需要把自己"分裂"成两个，我们必然需要发展出"假我"与"人格面具"[2]，保护那个"糟"的自己，不被人发现，以免再受到伤害或被找麻烦。

事实上，不论是"假我"还是"人格面具"，其实都是"社会化"——为了适应社会角色的一种方式。不过，对于受过创伤的孩子来说，"假我"不仅仅关乎"适应"，更关乎"生存"，尤其是当这些孩子难以接受那个很糟的、真实的自己时，他们会花更多力气发展出"假我"。

我常使用一个比喻：

就像是觉得真实的自己不够"大"、不够"美"，所以发展出可以把自己放大、变得更精致的立体投影仪，后来因为投影仪投出来的"假我"，可以得到别人的称赞与肯定，让自己感到安全、生存不受威胁，于是，我们花了好多时间去"升级"这个投影仪，让这个"假我"可以愈来愈精致、愈来愈大、愈来愈好。

但是，那个真实的自己，却在与自我这样的疏离中，被藏得更深、离自身更远，更害怕被发现。

"如果被大家发现我没有那么好，那该怎么办？"

于是，我们紧紧抓着这个"假我"不放。即使虚假，却是我

们赖以为生的生存面具。

### ◆过度负责／推卸责任

另外，在"分裂"这个机制的影响下，也会让我们出现责任感的两极——那就是"过度负责"或"推卸责任"，而这两种现象，都是我们对自我（假我）要求极高的结果。

或许看到这里，你会有些疑惑：看起来完全相反的两种状况，为什么会同样都是被"自我要求太高"给影响？

实际上，当我们对自我（假我）要求很高时，就是希望自己在别人面前，表现出来的样子都是好的。一方面，有些人的表现方式是让自己"过度负责"，因为从某方面来说，他还是相信自己的能力，可以处理好这些对自我的要求。

另一方面，有些人采取的方法，是"推卸责任"。因为他认为，自己可能会做不到别人的要求，但他又希望这个呈现在别人面前的假我，是"好"的："希望别人看我，是觉得我是好的，所以，我的内心想把我可能会被别人觉得不好的东西，先全部排除。"于是，展现的样貌，就变成了"推卸责任"。

在上述"隐藏不够好的自己"的需求，与"我希望别人看我都是好的"的责任感驱使下，会让我们展现出几种常见的"假我"样貌，以下，举例简单说明：

◎ 亲职化小孩 / 小大人：将他人的情绪与需求放在第一位

前文谈到"讨好"的防卫机制时，提到，由于这些孩子为了生存、为了不被否定、不被伤害，会被训练得把自己的情绪放旁边或是忽略，却随时注意他人的情绪与需求。因此，带着这个生存策略，会使得这群小孩长大之后，内心存放的，永远是他人的情绪与需求。

于是，他们很习惯照顾别人，也很容易承担他人的情绪、生活或工作责任，并且在身边的人情绪不好时，怀疑是否是自己做错了什么。

在这种情况下，可能会使得他们"很好相处"，但却会在一次又一次的付出中，感受到自我频频被忽略，最后到某个再也无法承受的阶段，出现忧郁、自我怀疑与伤害等情绪。

当然，会使用这个生存策略的孩子，几乎会下意识"讨好"身边的人，因为"讨好"是他们生存必要的条件。

关于既是防卫机制，也是生存策略的"讨好"，我们会在后面再另辟一段说明。

◎ 自恋（优越）与自卑 / 冒牌者症候群：脆弱自尊

自恋、自卑、冒牌者症候群……看似在数线两端的不同症状，其实都与"脆弱自尊"有关。

所谓的"脆弱自尊"指的是：对于自我看法、自我价值以及自我感觉不良好时，我们的自尊时常会处在"被影响"的情况。

可能会因为一个外在表现，或是他人的评价或看法，就使得我们的自尊上上下下。一下子觉得自己很好，一下子又认为自己很差的这种不稳定、脆弱的状态。

因此，有些人总是需要保持着"自恋与优越感"，时常炫耀或希望得到大量的肯定，也是因为担心自己内在"不够好"的部分会被发现，因此，需要保持着"自我感觉良好"的状态，若遇到会感到自卑、不够好的状态，就可能会用攻击、伤害、否定他人或外在世界的方式，也就是用"对外攻击、否定"的方式，让自己可以维持自我感觉良好的状态。

相反地，一样有着不稳定自尊的另一些人，习惯性会在感觉自卑、自己不够好的时候"对内挑剔"，所以可能会要求自己更努力、表现得更好，希望用"好表现"来掩盖自己不够好的内在不被发现；但是即使做到了，内心仍然觉得自己是不好的，因此会怀疑自己在他人眼中的看法，甚至怀疑自己的能力，觉得自己能做到，是因为够努力或运气好。

于是，我们发现：不论是自恋、自卑、冒牌者现象等，这些其实都是"为了隐藏不好的自己不被发现"的展现；而"羞辱创伤"原本就会造成我们的自尊不稳定，以及自我感觉不良，因此有许多承担着羞辱创伤的人们，时常会有"脆弱自尊"的状态。

而关于脆弱自尊，还有一种常见的状况，会使得我们"过度努力"，甚至与他人的关系产生一些摩擦，这就是：完美主义。

◎完美主义／过度严苛挑剔／高标准焦虑：过度努力

若说"完美主义"也是羞辱创伤下的"假我适应症"，可能大家并不意外。

很多时候，"完美主义"或"高标准、过度严苛"与上述的"自恋"或"冒牌者现象"，时常会并行出现。但"完美主义"与"自恋"或"冒牌者现象"仍然有一些差别。

实际上，"完美主义"是一种：我不想让你用"我不够好"来伤害我，所以我先把自己要求到无可挑剔、超乎标准，那么，就没有人可以用"我不够好"来伤害我。

因此，若有强烈"冒牌者现象"的人，被说不够好，他们会立刻出现很大的羞耻感；但对于"完美主义"的人来说，如果被说不够好，会先出现的，时常是愤怒的情绪，因此有可能会攻击、否定提出者。

那种感觉很像是：我都已经做成这样了，你怎么可以说我不够好？那一定是你看错或有问题。

这种情绪的展现，乍看似乎与"自恋"很像，但较常出现的情况是，在愤怒的情绪过后，自恋的人并不会花太多时间去检讨、反省自己；不过身为"完美主义"的人，在愤怒的情绪之后，却仍会把整个状况检讨一次，然后调整自己的标准与做法，让自己更"无懈可击"。

也就是说，完美主义者这一切的努力，和"冒牌者现象"最大的不同是：冒牌者现象所做的一切，都是为了藏起不够好的自己，不要被发现。如果被发现，就会先产生很大的羞耻感（"隐藏不被发现"就是羞耻感最核心的意义）。

但对完美主义者来说，他们所做的一切，都是要让自己"不要被攻击"。

当然，相同的，当他们被攻击时，也会升起"自己不够好"的羞耻感，但是因为他们所做的一切是为了"避免被伤害"，因此被说不够好时，先升起的情绪，会是保护他们的"次级情绪"——让自己不会被伤害的"愤怒情绪"，让他们可以攻击回去。

因此愤怒情绪过后，羞耻感才会产生。陷入了这种羞耻与害怕的感觉之后，功能良好的完美主义者，就会想尽办法做各种调整，让自己能够尽量避开这种窘境。

如此，"过度努力"就成为他们避开这种羞耻感的手段。当然，他们如此地高标准，在遇见和自己标准不同的人时，也许会勾起他们内心的焦虑。

他们会在对方的身上看到自己想隐藏起来、自我否定的"不够好"的部分，因此，可能会想办法去调整、挑剔这些人，也会在这些人做不到时产生愤怒的情绪，以此让自己不会被内心最害怕的羞耻感攫住。

而有强烈"冒牌者现象"的人，基本上不太会想要去调整别人。他们主要的注意力，时常是放在"自己有没有被别人发现不够好"

的状态里。

## 当"讨好"成为一个生存策略

"讨好"除了是防卫机制外，也是一种常用于适应人际关系的生存策略。

因为是生存策略，所以虽然"讨好"具有看似"在意他人感受与需求"的举动，但事实上，以"讨好"作为生存策略的人，时常会被困于两种矛盾的状况里：

### ◆把注意力都放在别人身上的"自我中心"

许多以"讨好"作为生存策略的人，会十分在意他人的一举一动，猜测自己该如何去做，才能"让别人开心"。

但由于做这件事的目的是"为了生存"，也就是用来"让自己变得安全、不被伤害"的方法之一，所以，看似以他人感受为主的"讨好"，其实有时相当自我，因为这个讨好的目的，并非真的是想要照顾他人的感受与需求，而是在过去的经验中学到的为了避免被伤害、被羞辱的"适应生存策略"。

因此，这个行为的目的是为了"保护自己"，不过，是用"先把别人安抚好"的方式来做。

因此，在执行"讨好"这个生存策略时，讨好者只会感觉到焦虑、不安、安抚成功的暂时松一口气；或是，必须不停安抚别人的疲倦，却无法真正享受对别人施予爱、关心的自我赋能感与自我满足感。

因为，"做这件事并非出自我的本心，我只是为了生存而做"。当没有意识到这件事时，我们就不会发现：我们的力量并非为了服务自己，而是用来服务别人；也当然无法感受到爱别人、关心别人的自我满足与幸福感。

#### ◆愈因为讨好而被接受，愈会自卑与自我厌恶

"讨好"策略非常强的人，可能会是一个非常懂得照顾别人、考虑别人需求、很会阅读空气、看脸色且不容易与人冲突的人。

这样的人，应该大部分的人都会喜欢吧？不过，问题是，有许多使用"讨好"做为生存策略的人，会因为自己这样"可以被别人接纳"，而更相信"表现、表达自己"是一定不会被接受与被喜欢的。

矛盾的是，当愈使用这样的策略，会留在我们身边的人，多半是喜欢我们这样表现，甚至受惠于此的人。

我们苦于无法表现出真实样貌，对于隐藏真实的自己而感到羞耻，却又不敢表现出自己真实的样貌。

因为，我们想着："真正的我，一定不会被接受，还会被攻击。"

这就是我们过去的经验，而我们又强化了这个生存策略，将

其发挥到淋漓尽致，却反而可能吸引更多容易侵犯他人界限、要求别人来满足自我需求的人在我们身边，使得我们重演着过往童年的经历，也更加深了我们对世界的失望与自身的创伤。

这真的是非常辛苦，却也是我在过往的咨询案例中时常看到的情况。

**"习惯性照顾别人"与"讨好"，到底该如何分辨？**

读到这里，或许你会有这样的疑问：

"我觉得我好像会习惯性照顾别人，但我不知道这是出自我本身的性格，还是我的生存策略？"

实际上，的确有些人的个性是比较擅长注意到别人的需求，并且习惯去照顾他人，但做到这些，并不会给他造成压力，这样的人，多半也不会没有界限，或是常因他人的情绪而焦虑。

两者最大的差别是，当性格上习惯照顾别人者做这样的事时，是出自对该人的爱与给予。在那个当下，他是给予他多余的部分，而非整个自己。在保有自己的状态下，他的给予并没有期待对方一定要这样回报。因为，他会这么做，是源自他的性格，他的"好与照顾"，并非一种讨爱的手段。

而当我们把"讨好"当成一个防卫机制，甚至是因应生存策略时，我们就会发现，看似以他人为主的"讨好"，其实是混杂着强烈的自我意识、焦虑与恐惧情绪的一种生存反应。

比如，当我们将注意力专注在别人的需求与感受上，战战兢兢地以此方法维持我们与他人的关系、不起冲突。但若对方没有考虑到我们的需求，或是不够注意、重视我们，我们的内心就会升起一种难忍的失落感，忍不住怪罪自己或他人：

"是我做得不够多吗？还是我没价值？"或是"他怎么可以这么自私？只考虑到他自己。"

也有可能，"讨好"是一种让我们与他人维持距离的方式。

当人际关系中，因为我们的讨好，使得有些人误以为"你做这些是因为爱我，想跟我有深入发展的关系"，而开始想要跟我们深入交往、交心时，使用"讨好"作为生存策略的人，多半会十分焦虑、恐惧，甚至明显会拒绝、逃开。

因为，会让他们想要采取"讨好"策略的人，多半是让他们感受到威胁感、不想与之为敌却也不想太靠近的人，而"讨好"策略会让对方觉得"和你相处很舒服"，因而希望进一步联结，例如成为好友、伴侣、合作伙伴等，这就会让使用"讨好"策略作为"维持安全距离"的人，觉得害怕、恐惧且想逃跑。

因为受过羞辱创伤的人们，在情感联结与他人的信任感上，有着相当大的困难；对他们来说，世界是危险的，而他人是不值得信任的。

如果结合依附理论，将"讨好"这个策略放进来，在面对危险、情绪重现的压力下时，我们就会发现以下两种常见的状况：

讨好 – 焦虑依附者：虽然我不相信你，但我还是想试着相信，借由我的讨好，可以增加我们之间的感情与关系联结。

讨好 – 逃避依附者：我不相信你，我的讨好常常是为了减少冲突与保护我自己。

不过，以上所谈的是在相当大的压力下（情绪重现）的状态。若为平常的状况，即使是曾遭受创伤的不安全依附者，仍能因为爱与在乎对方的心情，关心与照顾对方的感受，而并非只是讨好。

## 上瘾行为：用以代替情绪调节、自我抚慰与联结

受过羞辱创伤的孩子，可能没有太多被安抚、被肯定的经验，且因外在环境时常让孩子处在惊吓或受伤的状态，使得孩子的情绪调节功能——也就是自我照顾情绪的功能没有被建立起来，甚至可能被破坏，或是只能用尽全力去调节、安抚他人的情绪，以致自我情绪调节的功能无法发展。

换句话说，当我们的情绪起伏很大时，如果有良好的自我情

绪调节功能，我们会回过头来自我安抚、调整自己的心情；但有创伤的孩子时常做不到这件事，因为在他们过去的经验里，自己的情绪是不重要的，安抚他人的情绪才能让自己安全；又或者，他们没有学过如何安抚自己的情绪，所以会用其他的防卫机制处理。

问题是，没有被安抚的情绪仍然存在，需要找个出口被处理、被安抚，而所有的上瘾行为，例如暴食、购物、网络、药酒瘾等，就是最容易取得，也是让自己可以暂时脱离"情绪重现"的风暴，不用去面对那些痛苦情绪的最快方式。

因此，上瘾行为的存在其实是有意义的，它满足了以下这些需求：

■情绪调节：用以调节痛苦的"情绪重现"。

■代替联结与自我抚慰：安抚不良的自我形象所升起的挫折感与羞愧感等，也用以满足情感匮乏的饥饿感。

■自我保护：麻痹情绪。

当然，它并不是一个好的、可以替代来作为情绪调节的手段，因为它对身心的伤害度很高。但是，对于受过羞辱创伤的人来说，自我的身体或情感被伤害，是一件司空见惯的事情。因此，如果这个手段可以让自己逃避掉那些痛苦的情绪与自我感知，对他们来说，使用这些成瘾行为来安抚自己，可能会觉得"其实也没什么"，或是觉得自己没有太多选择而只好使用。

只不过，对出现上瘾行为的人来说，自然知道这些上瘾行为可能"不容于社会"，所以会隐藏。

矛盾的是，这些受创的人，是使用这些物质来逃避"情绪重现"中那些难以消化的愤怒、忧伤、罪恶与羞耻感等，却又因为"上瘾行为"与必须隐藏这些行为而出现更多的愤怒、忧伤、罪恶与羞耻感等；然后又因为出现这些情绪，而必须更依赖这些物质。

因此，情绪重现—上瘾行为—更严重的情绪重现—更严重的上瘾行为……上瘾行为变得更加严重，成为一个极难打破的恶性循环。

**工作狂**

实际上，"工作狂"是另一种耗损身心的上瘾行为。但这种"上瘾"有时却难以辨识，甚至比其他的上瘾行为还要被肯定、被允许，甚至更容易有效地满足情绪抚慰与暂时逃避以调节的需求，因此，更容易被保留下来。

因为，成为一个工作狂，是会被肯定的；而花时间在工作上，可以获得一定的成果。

这个成果就像是肯定与抚慰一般，让我们的大脑出现类似"脑内啡"等能正向犒赏、激励我们继续的化学物质，而这也是所有上瘾行为能一直持续被使用的最大原因之一。

而其他上瘾行为会出现的负面结果，例如必须隐藏、使用后会有罪恶感或羞耻感等，在使用"工作"作为抚慰的方法的"工作狂"中，是不容易出现的。

因为，大部分的人，都肯定工作努力的人，对吧？

只是，若我们使用这样的方法来逃避自己的情绪与人际关系问题，当然会出现更多的问题。而其结果，与其他的物质上瘾使用者没有太大差别，那就是：

生活中只剩下这个行为可以让自己稍微"有感觉"，但却不晓得什么是快乐、生活的意义是什么。

最后变成，会有这样的上瘾行为，只是为了活下去而已。

这是一件非常悲伤的事。

读到这里，或许你也发现了：

上瘾行为并非只要"戒瘾"这么简单。它的出现，带有因为"情绪难以处理与安抚"以及"与他人失去联结、失去支持或被排斥"的特性，这两个因素会使得这个行为出现、持续存在甚至被加强。因此，单纯地要求曾受创的上瘾者戒瘾，几乎是无效的。

就如电影《流浪猫鲍勃》（*A Street Cat Named Bob*）的情节一样。对于受创的上瘾者最大的帮助，是关心、支持与接纳，并且协助他们审视自己的生活状态，是否没有其他的社会支持，使得他们不得不选择遁入这样的上瘾行为循环中？

2 "假我"是由温尼·考特提出。"人格面具"则是荣格心理学的概念。

# 觉得这个世界／他人很危险——对世界的负面看法

经历过羞辱创伤的孩子，曾感受到许多外在环境的不友善，甚至伤害，因此也容易形成"对世界的负面看法"。

以下，分享几种"对世界的负面看法"可能的影响与呈现形式：

## 容易攻击别人／自觉被攻击

当我们对世界抱持负面看法、觉得他人很危险时，我们会一直保持着警戒的状态，因此容易放大一些讯息，使得我们可能会在人际关系中，容易攻击别人或感觉到被攻击。

在这种情况之下，情绪就较会上上下下，而特别会出现愤怒、忧郁或是觉得羞耻的感受（也就是容易经历情绪重现）。因此，这些情绪会让我们对于别人的表现更为敏感，也更容易使用各种防卫机制来保护自己，例如逃避、讨好或是愤怒等。

因为，感受到这些情绪，实在太可怕了。

但可能正因如此，我们会时常觉得需要提防别人、多加谨慎，或是被说"玻璃心"这类的标签与否定，使得我们更加觉得周围的环境不友善，自己的警觉与焦虑度也会因而更高。

但实际上，受创伤的孩子，原本就会对环境的警觉度更高，也较容易在与他们的互动中感到疼痛与受挫。

大家可以想像一下：受创伤的孩子长成大人，就像是小时候受的伤都没有被包扎，让它一直坦露在外，我们却不清楚它的存在；而如果我们的伤一直没有修复，甚至没有包扎，在与他人的互动中，就不免会有接触，甚至摩擦。

如果没有伤，这些接触不会产生太大的影响；但若有伤，又没有包扎，这些接触就会让我们觉得敏感、疼痛，甚至可能连有人走过去出现的空气流动都会刺痛伤口，而我们就可能误以为，我们的痛，是对方的错。

因此，不是我们"玻璃心""太敏感"，而是要怎么正视伤口，开始发现、治疗与包扎，才是最重要的。

## 不想跟世界产生关系

当我们觉得世界如此危险、他人如此不可信任，可能会失去与世界联结的热情，当然也没有"安心感"可以表露真正的自己。这时候，我们可能会使用逃避、隔绝感觉、戴上面具的方式去因应世界。

有些人因而自绝于社会之外，无法出门，或者能够维持生活的基本功能，例如上学、工作，但却不与其他人产生任何的互动与联结。只是像机器一样，每天做一样的事情，让自己没有感觉地生活着。

## 没有同理心

在这种情况下，很可能会出现一个常见的状况，那就是"没有同理心"。

"同理心"是维持我们与他人互动，能够正确解读人际线索的一个非常重要的能力。

当我们失去对自己生活的感觉，甚至忍受着这样的生活，只为了让自己不要去感受到痛苦，但却忍不住内心的隐隐作痛时，我们的"忍耐"，很多时候会成为我们对他人"失去同理心"的关键。

因为：当我都对自己没有同理心了，我要怎么去同理别人？

当我自己都在忍耐这样的痛苦时，让自己没有感觉，也没有选择地执行看似"对的事情"时，我要怎么去理解他人的痛苦？尤其是没办法像我这样做到的人？

特别是，当社会肯定着"忍耐""吃苦"是美德时，受过羞辱创伤的人，更容易会努力达到他人或社会的期待与标准。因此，可能会对那些说出痛苦而无法忍耐的人嗤之以鼻，因为"我是这样忍耐地过着啊"！

也就是说，"我"对他人的残忍，其实也就反映出"我"对自己的残忍。

而这种"需要忽略自己痛楚、继续忍耐"的习惯，就会在这样的循环下，大家互相监督、互相要求地被保留了下来。

于是，为了要别人"应该做到"或"忍耐痛楚"的"没有同理心"，就成为我们的文化特色之一。

而这些痛楚不被理解与接纳，我们也在其中持续受着更多的伤。

## 这世界有可以相信的人吗？有人会爱我而不伤害我吗？——对关系的不安全感

经历过羞辱创伤的孩子，有许多这类的经验，是与父母、老师、同侪等互动而成。对孩子来说，与父母的关系是自己第一个人际经验，父母也几乎成为孩子的全部。当孩子期待的可以照顾、爱他们的人，成了会羞辱、伤害他们的人时，他们几乎不可避免地出现不安全的依附模式，也必然会产生不安全感。

因为对于孩子来说，这样的关系是复杂，也是难以辨识的：我应该要亲近父母，但他会伤害我；我应该要相信他，但我却觉得痛。

这种感觉的混乱，会使得孩子先为了求生存而去判断与父母的距离、界限的远近。有些孩子必须靠"讨好"来拉近、获取内心暂时的安全感；有些孩子会靠情绪隔绝、离远一点来拉远，以让自己不被伤害而能够安全。

特别是，当孩子感受到"父母其实并不可靠，并不能保护我与照顾我，还可能会伤害我"时，这种不安全感会上升，孩子就会想办法找到让自己心里感觉好一点的方式。

而求学时遇见的教师与同侪，对于孩子来说，是在学校的另一个可以依靠与信任的对象。

但当自己无法在其中被接纳、被支持，却频频被羞辱、否定与伤害时，偏偏这些对象又是孩子在当时得罪不起的对象，那种无力与无助，没办法保护自己的感觉，很容易会让孩子升起很深的羞耻感与不安全感。

## 我害怕站在自己这一边／怕欠别人

我见过许多带着这种心情长大的孩子。他们几乎很难相信在人际上，自己是会被接纳或被爱的。

他们会用很多方式，不与人起冲突。有一些人会让自己与他人看似很好，但其实很疏离；有一些人则是会让自己很有用，让自己可以帮很多人的忙，借此建立关系。

不过前面谈到，在羞辱创伤的经验里，时常是"应该保护我、接纳我的人，成为伤害我的人"，因此，对于这些孩子来说，几乎没有"保护自己"的能力，因为在过往经验中，自己并不被允许可以保护、理解自己的权益受损，反而是一直要去为他人的感受、需求着想。

因此，当他们长大之后，除了防卫机制与生存策略之外，许多人几乎没有能保护自己的方法。

他们很努力、很有用，有时候也愿意帮别人做很多事、照顾别人。但是，遇到自身利益与他人利益相悖，或是界限被侵犯、权益受损，甚至是被否定、羞辱的情景再现时，他们会害怕站在自己这一边。

他们会怀疑自己的感觉是错的，不可以为了保护自己而伤害与他人的关系，或是说出自己的不舒服，可能会造成冲突。

对于人际间冲突的耐受度很低、认为说出自己的感受则很可能会起冲突或关系断裂……这其实都是过去创伤留下的经验所造成的。

但当他们选择忍耐或站在别人那一边，就更可能再度重演自己童年的经验，也加深了他们对于他人的不信任与不安全感。

另外，我也观察到，有这种害怕的人，很容易合并另一种习惯，那就是：很害怕欠别人。

宁愿自己付出较多、让自己吃亏，也不要欠别人，以免让自己内心有罪恶感或负疚感。

当然，会有这种习惯的人，要他们为了自己的权益挺身而出或据理力争，是一件多么难的事情。有时候，他们甚至会难以接受他人的照顾。一旦被照顾了，他们就会手足无措，特别当对方"无所求"时，自己更是会怀疑、无法接受这样的状况。

因为，"照顾我，而有所求"是他们常见的经验。这种经验可控，而且他们知道可以如何因应；但是"照顾我，却无所求"的经验，其实就是他们很缺乏，也曾经期待过的"爱"。但对于在爱中如此贫乏的人来说，会害怕接受这样的爱。

因为"当我接受了，我就可能会被控制；如果没有了，我就会更伤心"。

于是，出现"既想要又不敢接受、不愿相信的心情"，这样的拉扯与矛盾，就在他们的心中时常上演着。

这种"害怕站在自己这一边"与"怕欠别人"的人际习惯，几乎是我观察到有这类羞辱创伤的大人们一种常见的现象。

当然，考虑到文化性，必须要"在乎他人感受""要把自己照顾好，不可以麻烦别人"这样的文化，也会强化这样的习惯。不过，对于把这个准则仅仅当成一个"习惯"的人，真没做到时，不会勾起太多的情绪，而且多半只是将其当成一个行为准则，但会是看情况可调整、有弹性的规则。

但是，对于因为过往的创伤而形成这种习惯的人，在要向人求助，或是觉得自己被别人帮助、"欠别人"时，内心会出现许多情绪，甚至更深层的羞耻感与罪恶感等都会跑出来。

这些情绪会造成他们内心的焦虑，因此会赶快做一些事情，让自己不再焦虑，以安抚自己那些重现的情绪。

这些方法多半就是赶快回报，或是尽量避免自己向他人求助。

而他人想要给予的爱，也难以进入他们的心里而被留存下来。

于是，他们的身边即使围绕着很多人，内心，时常仍是一片荒芜。

## 害怕被拒绝

另外，"害怕被拒绝"也是一种常见的人际模式。

为了因应这种"害怕被拒绝"的感受，多半会有两种因应模式："只靠自己，不向别人求助"与"提出要求后，你一定要答应"两种情况。

这两种情况，基本上来说都是对于"拒绝"的难以消化。因为对于他们来说，提出要求不是一件轻松自在的事，而是会出现结合"麻烦别人"与"自己无能"的想法，而这两个想法时常结合着隐隐抽动的情绪，就是羞耻感。

但若他们提出的要求被答应了，他们会觉得自己是"被接纳"的。那种"麻烦别人"的无能感与羞耻感变淡了，也可能会成为他们对人稍微信任的基石。

可是若对方拒绝了，排山倒海的失望与羞耻感会淹没他们。他们会觉得，"你会拒绝我，是因为我不重要，或你不在乎我"，而这会勾起他们内心最深的创伤与自我否定。

因此，属于内求派、"只靠自己"的人会决定："以后再也不要跟别人提需求，以免再遭遇到这种羞辱。"属于外求的"提出需求，你一定要答应"派，会将这些挫折、失望与羞耻的情绪一股脑丢到对方身上。他们会出现很大的愤怒、攻击或是类似情绪勒索的行动。

而这一切，其实都出自一个同样的需求：你拒绝我，是不是因为我不够好？我做"提出要求"这件事，是不是很羞耻？

因为，过往的创伤经验让他们觉得：对方的反应，全都根源于我。因此，他们多半不会想到，对方会拒绝我，可能是因为他们有困难，而不是跟我有关系。

因为，被拒绝而产生的羞耻感实在太强，因此对他们来说，所采取因应的手段，例如"不要靠别人"与"别人一定要答应"的适应模式，很可能会极为僵化、毫无弹性，而造成人际上的困难。

## 靠羞辱别人来抬升自己

经历过羞辱创伤长大的孩子，几乎都有一种共同经验：表达、表现自己是会受伤／受辱的。不管是说出自己的感受还是想法，都很有可能被否定、被伤害。因此，有些人长大之后，会变得较不愿意说出自己的感受与想法。

也有一些人，会在长大的过程中拼命提升自己。在提升时，会对这个提升的"假我"形成很大的认同。但原本内在的那个自我，仍是没有安全感，也没有自信的，而这个内在自我，亟须被肯定与被看见。

但是，当他们过去经历过"说出自己，其实是有些危险而不安全"的时候，他们会下意识地模仿那种过去说出自己而被羞辱、贬低的经验，用相同的方法去对待别人。

也就是说，当他们要说出自己的感受与想法时，需要靠贬低与他有着不同想法与感受的人来抬升自己，以显示他们说的是对的。

因为在他们的经验里，说出自己的想法或感受如果没有马上获得认同，这种"不被认同"的感受，立刻会勾起很大的羞耻感与否定感，那是在童年经验中很可怕的感受。

因为可能在过去的经验中，这种"不被认同"的状况一出现，伴随而来的就是被攻击伤害、被羞辱与被否定。

于是，长大之后，当他们提出的意见没有马上"被认同"时，内心的不安全感陡然升起，会引发对自我的怀疑、焦虑，甚至羞耻感，这也是一种"情绪重现"。

这种感觉是非常可怕的，甚至可能在他们的人生中，穷其一生想要逃离的，正是这种感觉。

因此，"在别人否定我之前，我先否定别人，也借此显示出我的优越"，就成为他们的"焦虑因应"，也就是自我保护的策略之一。这也就是为什么，他们会在提出自己的想法时，必然要去否定、贬低、羞辱其他人的看法与感受。

　　读到这里，可能会有些人觉得："这些人太坏！这样做是错的！"或是，如果你出现了如我描述的状况，会因而觉得羞耻，甚至愤怒。

　　不过，我恳请大家，当我描述这个现象时，请先放下对错的判断，而是去思考：这件事是怎么发生的？

　　我一直认为，所有的行为出现，都是我们当时生活的"最佳解"，因此所有的行为，若非模仿而来（且当时觉得这个行为是有效的），就是为了生存而演变、保存下来。

　　如果能够知晓自己出现这样的行为是为了满足什么，或是有何目的，我们就有机会可以有更多的选择。

# 五 我不喜欢我自己：从羞辱创伤到自我厌恶，怎么发生？——关系中羞辱创伤的影响

"做自己"最困难的是：

当我们不清楚自己的样貌时，

我们需要开始去找回自己的情感需求，去摸索自己真正的样子，然后慢慢地让自己有勇气表达出来。

# 做自己，为什么那么难？

这几年，在乎他人感受与眼光的社会，开始重新思考"自我感受"与"做自己"的重要性。但在"做自己"时，也会出现不同意见。

有些人的"做自己"，可能会被视为任性、具有伤害性的；

有些人的"做自己"，却十分艰难，根本不知道如何下手。

当然，对于很少"做自己"，总是以他人感受与标准为主的人，"做自己"是一项很难的功课。因为我们必须先有办法了解自己，才知道要怎么与这个世界互动，还有怎么保护、展现自己。

也就是说，"做自己"的重点，不仅仅是"自己"，而是有两个很重要的关键：

■我想要怎么表现自己？

■我想要怎么和世界建立关系？

我当然能很任性、不在乎他人感受地去表现自己，并用这种方式与世界建立关系；我当然也可以表现自我的意愿，但同时尊重他人的选择。

我认为，"做自己"之所以这么难，跟我们很少有机会摸索自己的感受与需求有关。

特别是很多受过羞辱创伤的人，对于他人的情感、标准等很清楚，但相对的对于自己的感受、情绪与标准，其实是很模糊的。连带着，自己的样貌也变得不清楚了。

当我们是以一种"不清楚自己的样子"去探索自己在世界的位置时，如果想要"做自己"，有着羞辱创伤的人，最有可能出现两种样貌：

一、觉得我就是我，我怎么做、怎么表现都可以。你们应该要来配合我、接纳我的"全能婴儿"的任性状态。一旦自己的欲望、需求没有被满足，情绪立刻上来、反应非常激烈，甚至会因而怪罪他人。

二、因为对于自己的样貌并不清楚，因此小心翼翼地与世界、周围的人互动，想从他人的反应中，摸索出自己"适合的样子"，让自己可以安全地待在这个世界里，有个小小的位置。

这两种样子，看似落差很大，但却都是"做自己"的摸索过程。因为"做自己"最困难的是：

当我们不清楚自己的样貌时，需要开始去找回自己的感受、需求，去摸索自己真正的样子，然后慢慢地、让自己有勇气表达出来。

这个自己，有可能不会被每个人接受，但是，这就是我想要用以活在这个世界、和他人产生关系的样貌。

当我们可以接受这个样貌的自己时，对于他人的接受与否，我们就更可能会尊重对方、不被影响；但相对地，若我们对于这个"自己"没有把握，甚至不太能接受时，我们就会对他人的反应十分敏感，而这个"他人反应"的刺激，又会促使我们出现两种最常见的表现："我不管，你就是要来满足我或接纳我"或是"我要看看这个自己会不会影响到别人，会的话，就收起来"。

这两种反应，正是我们在小时候面对这个世界、探索自我时，最容易出现的两种状况。

而我们会从他人的反应中，开始慢慢调整对自我的看法，以及与这个世界互动的关系。这就是我们学习"建立自我"——也就是"做自己"的过程。

对许多小时候被心理控制、受过羞辱创伤的孩子，由于曾经被剥夺了这样的机会，他们没有办法经历这样的过程，于是即使长成大人了，自我还是小小的，没有长大过。

这样的"做自己"，在还没有了解自己真正的样貌，以及自己想要成为的样子时，很容易就如孩子般去呈现，有时对于关系、互动与自我，甚至会具有爆炸性或伤害性。

## "做自己被惩罚"的情绪重现

如此，探索自我真正的样貌、想如何与他人互动，其实才是"做自己"最重要的关键，而这个探索的最重要依据，就是在两个重点上：

■自己的感受；

■自己的感受如何表达出来，让别人知道。

但这两件事，对于受过羞辱创伤的孩子来说，是最为困难的；因为在他们过往的经验中，自己的感受是会被无视、表达自己是会被惩罚的，而惩罚中最严重的就是"羞辱"。不论这个羞辱的形式是责骂、情感撤回的忽略，或是拳打脚踢，基本上来说，都是对于孩子自我价值的否定。

面对这样的惩罚，孩子会对"表达自己"这件事觉得危险、感到害怕，也会从过往经验中觉得：自己的表达不见得可以被接受、被理解，甚至还会被惩罚、被攻击，因此"做自己"这件事，就变成一件困难的事。

长大之后，最常见的，就是继续以他人的感受与需求为依归，但是也会出现如前所说，因为过往未曾在父母身上感受过被无条件爱着、照顾着的"全能婴儿"的状态。长大之后，不再受到钳制时，就会想要在其他人身上，满足自己这部分的需求，却误认成这是

"做自己"，其实这是很大的误会。

因为，婴儿身上最重要的是"活下去的欲望"，而身为长大的人，不只有这个部分，还会有想爱人、关心别人、与他人建立关系，甚至自我实现的部分。

在来不及感受时，随意地把自己的情绪表现出来、说出自己的需求，就觉得别人要配合，不配合就是拒绝我或不爱我……这仅仅是婴儿般的欲望，和"做自己"还是有一些落差的。

不过，若你曾在"表达自己"时被惩罚，而没有机会探索自己的样貌，很有可能在刚踏上这条路时，会先经历前述的状况。不过这些都没关系，只要不停在这里，能够继续摸索、了解自己的情绪与感受样貌，我们就可以选择自己要与他人互动的样子，就可以慢慢地往前走。

"了解自己的感受"与"让自己有弹性、有选择"，就是"建立自我"，也就是"做自己"很重要的指南针。

## 避免强化"内在的负面标签"

不过，要"建立自我"这件事，对于受过创伤的我们来说，有时并不容易。这是因为我们在过往的创伤中，容易形成负面的自我认同，会使得我们对自己有一些负面的看法，影响与他人的互动与关系，内在会形成一种"自我应验预言[1]"。

　　这个负面的预言——也就是我们极力想避开，却又觉得自己一定会被如此认为的部分，有时会因我们的行动，让这个"预言"更容易发生，反而使得我们继续强化内心形成的"标签"。

　　例如：我觉得我就是会"被遗弃"，大家都不会喜欢我。于是，我因为害怕受伤，就减少跟他人的互动。别人找我，我也都拒绝，最后我必然会孤独。然后我就想着："啊，我终究就是孤零零的一个人，做什么都没有用。"

　　而这个"内在的负面标签"，也有可能是别人贴上去的，但受创伤的我们，在与他人互动的过程中，自己僵化的防卫机制、生存策略等，很可能会更加强化这个标签。

　　而这个强化的"内在负面标签"，一旦成为我们生命脚本的主要情节，我们就会在与他人的互动关系中，不停地重复这样的情节与脚本，这就是所谓的"强制性重复"：我们重复地和不同的人、在不同的场景下，演出同样的创伤剧本。

　　因此，"内在负面标签"对我们的影响重大。以下，说明几种羞辱创伤常见的内在负面标签，以及这些负面标签对我们"人生脚本"的影响。

　　1　自我应验预言（Self-fulfilling prophecy ）是指：我预测这件事会发生，而它真的发生了。但它发生的原因，与我下意识地做了一些事，让事情最后真的往这个方向发展有关。

# 因为羞辱创伤形成的内在负面标签

## 📄 我是不被爱的、被抛弃的

小时候，妈妈会突然冲进房间，把我毒打一顿。她跟我说，就是因为我，她才会命不好。虽然外婆会阻止她，但没什么用。她觉得奶奶讨厌她、让爸爸跟她离婚，是因为她没有生下男孩，所以是我的错。

不只一次，她对我说："你没有出生就好了。"那时候的我虽然很小，但我感受到她的情绪，让我非常害怕。

长大之后，我才知道，原来这就是恨。我的妈妈，是恨我的。

常听妈妈对我说，生我有多辛苦、养我有多麻烦。她会说因为我，她现在身体哪里不好，而怀我时，又因为我而出现什么痛苦的状况，然后再说到我有多难带、多不听话、多不感激她。每年的生日，她都会提醒我："这不是什么值得庆祝的日子，你没什么好高兴的，你应该对我抱着感恩的心，因为我的辛苦，你才会被生下来。这是母难日，不是你的生日。"

　　每年听她这么说，我总觉得很不舒服，后来习惯了、没感觉了。但是，现在只要听到别人提到"母难日"三个字，我就会生出一股无名火……

　　许多遭受羞辱创伤的人，在与他人（特别是父母）的互动中，感受到自己不被喜欢、不被爱。有许多人跟我分享，他们甚至有那种父母隐约或直接传达出"你不该出生""你出生是对不起我"的经验。

　　他们的父母，可能也存在各自的创伤与自卑，于是很多时候，父母的羞辱创伤或自卑感等那些"我不被喜欢"的心，投射到孩子身上时，可能会出现言语的羞辱、行为上的虐待或是关系上的疏远。

　　这些表现有时隐微，但却时常会出现在彼此的关系互动中。

　　对孩子来说，被这样对待之后，那种"我是不被爱的"感受，就会成为他人生的一种"主旋律"，一种他对自己的看法，存在他内心的负面标签。

　　在电影《看不见的守护者》（*El Guardián Invisible*）里，有一段情节：女主角的母亲特别不喜欢身为老二的女主角，母亲对她做出许多感情上与行为上的虐待，而父亲对女主角的心疼，更引起母亲的嫉妒与攻击，母亲甚至对她做出致死的行为……最后父亲将女主角送走。女主角虽然有机会逃离这个家、逃离母亲，但却带着这个伤口，没办法愈合。

她不知道怎么让姐姐与妹妹晓得，自己和母亲的互动经验是和她们不一样的：当姐姐与妹妹走近母亲时，母亲是欢快而开心的，但若自己走近，母亲却立刻显得烦躁，甚至愤怒与厌恶。

母亲希望女主角看起来既丑又奇怪，剥夺了她拥有的资源，认为她配不上这些，甚至恨着她……这种"我不被喜欢，甚至被厌恶"的感觉，让女主角保护起自己的心，难以跟别人分享自己的内心世界，也害怕与人建立关系。

这种"我的父母不爱我"的感觉，有时难以言喻，却会深深地刻进孩子心里。

因为孩子多半一开始都是用父母的眼看自己的，因此，他们会从父母的对待中，知道自己是值得被爱的，还是不值得存在的。

当然，这种"我不被喜欢、不被爱"的感觉，也有可能在学校、同侪间出现，因为遭受霸凌等经验，也会累积这种感觉。

不过，如果有家庭中爱的支持，霸凌等创伤遭遇较有机会被说出、被理解与被疗愈时，影响就不会像家庭中的羞辱创伤那么深远。

就是因为父母如此的重要，对孩子的影响，才会如此的大。

当这种"我是不被爱、会被抛弃"的感觉成为一个人生命脚本的主要情节时，会化成一种对爱的"不安"，使得他们在与他人建立关系时，难以信任别人的爱，并时常带着焦虑与恐惧。

因为不相信自己是值得被爱、是有价值的，内心对爱的渴望与匮乏，使得这个内心的创伤缺口如黑洞般，怎么都填不满。

例如，即使踏入一段对方十分重视自己、爱自己的关系中，也会不停担心、焦虑于"这个爱消失了，怎么办"，于是过度放大"爱的假想敌"，或是挑剔对方爱的表现。

然后，这个爱会在挑剔与争吵怀疑中消失殆尽。当对方离开时，就会跟自己说：

"你看，没有人会爱我的。没有人会爱这样的我。"

这样重复性的生命创伤情节，就像是被诅咒一般，不停重复在自己的生命当中。

## ☞ 我是不重要的、比不上别人的

我们家是标准的重男轻女，奶奶会告诉我，好的要留给弟弟吃，因为弟弟是男孩，"需要比较多营养"。弟弟用的东西，也永远都是新的、最好的，而我都是用姐姐用剩的东西。弟弟做什么都是好的，而我做什么都是没用的。

我最难过的是，当我想继续念书时，爸妈告诉我，家里的钱是要留给弟弟留学用的。即使我念大学，他们也一毛钱都不会帮我出学费。从那个时候起，我就决定离家，自己打工过生活。我知道我只能靠自己，没有人可以依靠，所以我对于资源、对于钱，都有很深的匮乏感；在职场上，我也无法忍受不公平的对待，我很希望证明我是重要的，希望我能得到最好的东西，再也不用去拿别人剩下的、不要的……

有许多受过羞辱创伤的人，在童年时感受到"自己是不重要的""资源是不可能用在我身上的"，这种感觉和"我不被爱"类似，但却又带着一点比较与嫉妒的成分：原来父母不是没有能力爱，只是不给我而已。

于是，那种嫉妒、愤怒、不满、受伤与羞愧的感觉，会化成一种"不满足"的感觉。这种不满足，会让他们希望自己可以"被看见""被重视"与"被注意"，自然，"被爱"也是一种重要的需求之一。

的确，"我不被爱"与"我不被重视"这两个内在负面标签时常一起出现，但是，两者仍有不同。

"我不被爱"，很多时候会着重在"爱"的部分——对爱的不安，对于其他人际关系、工作或资源分配等，渴求度没有那么高。

但是"我不被重视、被忽略"的内在负面标签，那种"我不满足、我不够"的感觉，会出现在许多地方，例如在团体中，需要被看见、被注意，对于外在的名利、钱财、外貌、才能等，会特别敏感。他们会时常感受到"不公平"，觉得自己很努力，但却得不到别人有的东西。这种"不满足"的感受，会使得他们专注在别人有的，而却忽略了自己有的东西。

有些人会让自己表现得很有用，来解决"我害怕自己不被重视"的问题。当然，觉得"我不被爱"的人，也会使用"我有用"的策略，来让自己获得爱。使用的策略或许相同，但两者想达到的目的仍有一点差距：

用"我有用"来让自己被爱的人，目的是希望让别人可以爱他、可以建立关系；只是当别人爱这样的他时，他又会因为自己掉入"必须要做些什么才能被爱"的循环当中，更感受到"自己一定要做些什么才能被爱"的挫折与内在负面标签。

用"我有用"来让自己被重视、不被忽略的人，如果成功地达到这个目的，会渴望更多的重视，于是，会花更多时间在"让自己有用"的生存策略中，目标是让自己更被重视、得到更多资源，永远不会满足于只停留在某个程度。

毕竟，永远都可以得到更多、可以看起来更被重视。这就像是欲望的无底洞，永远停不下来。

## ✐ 我是不够好的、犯错是不被接受的

有些孩子，小时候是在期待中长大。父母对他们十分重视，对他们有非常高的期待与要求。我看过一些父母，过去因为自己的创伤经验，例如自认学历、职业等不够好，没有得到足够的肯定，因此强烈希望孩子去做他们未曾实现的事情。

也有些父母，因为自己千辛万苦做到了自己想要的目标，获得了社会上较被尊敬的身份、地位，会希望孩子能跟自己走一样的路，获得一样的尊敬，而父母也能因而觉得光荣。

孩子在如此严格的要求下，即使父母爱他们、重视他们，很多时候，他们感觉到的，不是无条件的爱，而是"这个爱是有条件的"——我必须做到父母的要求与期待，他们才会爱我，否则我就不会被爱。

有些孩子甚至因为没有达到父母的期待而遭受羞辱。背负着这样羞辱创伤的孩子，很有可能会对自我的要求很高、自我挑剔，常有"完美主义"与"冒牌者现象"的特征。

在这样的自我要求下，他们可以有一番成就，但是内心却有许多的害怕。害怕自己做不到就会被嘲笑、被羞辱、被看不起，因此需要让自己一直维持在顶端，不能掉下来。只能努力往前跑、往更高的目标冲。

对于他们来说，不太有勇气尝试不熟悉、不擅长的事情。因为"做错是不可以的""不符合期待也是不可以的"，因此害怕失败、挫折，过度努力，永远焦虑于自己是不是不够好，是不是应该要再去学什么、做些什么，让自己变得更优秀、更棒，就成为他们生命脚本的主要情节。

这样的他们，很难停下来，而这些成就，对他们也没有意义：这些成就不会成为他们自我肯定的奖杯，却是证明他们还留在这个羞辱创伤中、只为了能存活、不被羞辱的标志。

他们就像是冲着去吃胡萝卜的驴一般，虽然可能自己一点都不想吃胡萝卜，但担心自己不冲在第一个，不吃到胡萝卜，可能就会活不下去，只好让自己努力奔驰着。

而这样鞭笞自己的习惯，如果没有觉察，很容易也会对身边的人产生如此高的要求，严格对待身边的人，使得自己与他人的压力都很大，难以建立亲密放松的关系。

而有些人，会被这样的期待压垮，深深地怀疑自我价值，甚至出现自我放弃，因为"我不够好，就不会被爱"。

他们一方面可能会抓着一些证明，想要让别人知道，"自己是够好的"，因此可能会需要膨胀、表现自己的优秀；但另一方面，却对自我十分怀疑，怀疑自己的能力、自己存在的价值。对自我与他人都带着很大的愤怒，很容易感觉自己被瞧不起。

而这样的感受会使得与他人的互动中，过于敏感，随时要确定对方是不是觉得"我很棒"。

如果没有，就会出现很大的愤怒，想要攻击、伤害对方，或是将愤怒往内，对自己产生羞耻感、厌恶与否定，而陷入忧郁的症状。

## ✍ 我的感觉与想法是不对的、不重要的

小盈小时候养过两只文鸟，那是她第一次养宠物。喜欢动物的小盈，十分照顾这两只文鸟，两只文鸟跟她的感情非常好，有时还会跳到她的身上，陪她一起看电视、和她做伴。

在家中排行老幺、与兄姐年纪差距很大的小盈，总是觉得很孤单。有了这两只文鸟的陪伴，她觉得自己就像有了伙伴，有了可以亲近与理解自己的对象。她非常疼爱它们。

有一次，小盈要去外地参加为期一周的夏令营。小盈托付妈妈帮忙照顾她的文鸟，但她知道不喜欢动物的妈妈很可能会忽略它们，甚至忘记给它们水与食物。

小盈提醒妈妈记得要给文鸟食物与水，妈妈很生气地回答："这有什么好交代的！不然你以为你们这几个小孩是怎么长大的？"

小盈怀着忧虑去参加了夏令营。回家之后，她第一时间就冲去找她的文鸟朋友，但她发现，它们缩在角落，早已死去多时。

笼子里，没有一滴水，也没有食物。

小盈哭着，生气地去找妈妈，妈妈不但没有道歉，爸爸还在旁边对小盈大吼："你要是觉得那么重要，你应该打电话回来啊，在这边闹什么。只不过是两只鸟。"

在那一刻，小盈了解到："原来，我的感觉对他们都是不重要的，没有人在意，也没有人会来安慰我、理解我。"

心，似乎有些东西，就这样慢慢死掉了。


关于情绪被忽略、被否定、被惩罚、被羞辱，几乎是许多人的共同记忆。当然，这和我们的文化有关，对于许多父母来说，"情绪"是不熟悉的，而当孩子的情绪出现，很可能会引发他们之前的创伤记忆，觉得烦躁或痛苦，甚至愤怒，或是引发他们觉得"自己做不好"的感受，因此会用相当强力的手段，让孩子可以"闭嘴"，不再出现这些情绪。

而当孩子变得"听话"，有些父母会因而觉得松一口气，甚至得意，觉得"孩子就是要打骂，不打不骂不行，不能太宠"，却没发现，自己的手段，可能是继承自己的父母。而这种"情绪压抑"的方式，让自己与孩子，都关掉了情绪。

对孩子来说，会感到深刻的失望与挫折，觉得"我的情绪就是错的，就是不被接纳的；出现的话，是会被惩罚、羞辱的"。于是，他们也学着一样的方式对待自己的情绪，于是对生活可能愈来愈没感觉，对父母的感情，也就愈来愈淡。

因为情绪是公平的，你不可能只关掉某些情绪而不关掉其他的。"爱"，是我们最重要的情绪能力之一，但你不可能在关掉其他情绪感受的情况下，还懂得爱、感受得到爱。

当失去了情绪、感受与感觉的能力，或是习惯以他们的情绪感受为主，学会安抚他人，以免自己受到波及时，会时常怀疑自己的感受、渐渐忘记自己的喜好，然后出现"不晓得自己喜欢什么、不喜欢什么"的困扰，包含生涯、生活的各种状况。

与他人相处中，这种"不知道、没感觉"的"忍耐"，也就是"我的情绪是不会被尊重的"成为内在负面标签，也成为"生命脚本"的主要情节时，就会让人在人际界限与选择上非常模糊：要不就是界限过于僵硬，时常要保护自己；要不就是界限过于模糊，时常被别人侵犯界限而不知道该如何是好；过度理性，或是难以相信自己的感受……使得我们在人际关系中，常在"该亲近，还是该疏离？该说出自己的感觉，还是该隐忍"的过程中挣扎不已。

## 🖛 都是我的错

不知道为什么，如果身边的人有情绪，常常会影响我的心情。一旦有人心情不好，我就会觉得有罪恶感，好像是我做错了什么。在工作上，这样的性格让我很辛苦，因为身为主管，当我制定目标，希望其他人达到，或是有些人在工作上表现得不好，甚至犯错，当我需要指出问题时，我会非常犹豫。因为我会担心他是否会因为我的指出而受伤难过。

因此，即使我脑子很清楚我做的是对的事情，我仍然会因为别人的情绪而非常自责。这种个性，会让我负担太多责任。我会宁愿自己去做，因为我实在无法承受别人的情绪。以至于到最后，每个人的"心情不好"不管与我有没有关，好像都变成我的责任、我得解决的事，而我快要被这个责任压垮。

后来我才发现，这个罪恶感，一直以来在我跟妈妈之间根深蒂固。我妈妈是很擅长用"情绪"管理我的。如果我有做错什么事，她会一直不跟我说话，也不会让我知道我做错了什么，我得一直猜……后来我养成一个习惯，就是不管如何，只要我妈一不开心，我就先说"对不起"就对了，即使我根本不知道我做错了什么。

我一直以为这是一个很小的事情，虽然不停地出现在我和我妈妈的互动中。但现在想来才发现，我会一直拼命做、拼命做，就是因为我一直觉得自己"对不起别人"。我做那么多，只是想让别人开心起来，而这个互动感受，就跟我和我妈妈的状况是一样的……

在"心理控制"那一个段落中，我讨论到父母用一些方法来心理控制孩子，让孩子可以按照自己的方式去做。这种"引发你的罪恶感"，正是一种最常见的"心理控制"，也是"情绪勒索"最常被应用的方式之一。

不过，孩子原本就会有把家庭的问题归责在自己身上的倾向，当遭受羞辱创伤的孩子又必须承担过多的罪恶感时，那种"不管发生什么，都是我的错"的自我归责、自我贬抑的习惯，就会不停地鞭笞孩子的内心、打击孩子的自尊。

这样的孩子长大之后，会很容易在与他人的相处关系中焦虑，拼命地留意每个人的情绪与神情是否以及有何不妥，以此来调整自己的表现与行为。

"焦虑"就成为这个人与他人相处的主奏，而麻烦的是，这种焦虑可能没有办法这么快被辨识。

因为，它已成习惯。

另外，遭受过霸凌的孩子，也很容易出现"都是我的错"的感受。因为当一群人都对你不理不睬，或是做出欺负、冷淡、轻蔑、嘲笑、批评甚至行动上的攻击行为时，你会误以为自己真的做错了什么，才会遭受这样的对待。

特别是"检讨被害人"的习惯，会让整个团体误以为："你会被这样对待是有道理的，不然怎么会有这么多人这样对待你呢？"而无视于这个团体本身需要负的责任。

特别是有些情况下，老师或家长在面对霸凌事件时，会出现这种说法："别人不应该欺负你，但是大概你也有什么问题吧？不然别人为什么会欺负你？"这种说法会在孩子心中，加强"就是因为我有问题，所以才会被欺负"的印象，而产生这种"都是我的错"的内在负面标签。

许多孩子在成人之后，就像是当初那个辛苦生存的孩子一般，继续努力地想要弥补一切：解决着别人的问题、负着别人的责任。

而关于自己的人生，就在这样的消耗中，消失在为众人的奉献中。

### ☞ 我很糟糕

在这些内在负面标签下，最后得到的结论，都跟"我很糟糕"有关。

我很糟糕所以不值得被爱、我很糟糕所以做不到别人的期待、我很糟糕所以没办法被接纳……这种如影随形的"我好糟糕"的感觉，就像背后灵一样，一直跟着我们。

这些带着"我很糟糕"与羞耻感的内在负面标签，会让我们在关系中表现出各种样子，影响和伤害关系。当然，也伤害自己。

# 内在负面标签、羞耻感与假我的关联

为了避开自己内心的负面标签，不被别人发现，在人际关系中，我们会发展出一种虚假的自我，也就是前文所说的，一种"会被别人接受的自我"。

这个"自我"可以说是自己能力做得到的构筑，也是某种保护自己的方式，但是长期在亲密关系中，仍然用着这个自我，其实是伤害我们自己，也是伤害关系的关键。

为什么呢？

"虚假的自我"，有如面具一般，之所以说"虚假"，是因为在建立这种自我时，我们所依凭的，不是真实感受，而是他人的感受与标准。

例如：这样做会被别人认为是乖小孩、这样做会被别人崇拜、这样做会被别人肯定、这样做可以被别人喜爱……

当我们安抚了别人的感受、达到了别人的标准时，心就会感觉到"安全了"，不用再担心内心那种蠢蠢欲动的内在负面标签——觉得自己不够好的"羞耻感"被发现，也就可以"暂时不用害怕"。

也就是说，促使我们发展"虚假的自我"，是因为在人际互动中，我们太需要安抚、迎合别人，让自己"不用害怕"、觉得安全，也让自己的羞耻感有地方可以躲藏。

## 使用"假我"，很难避免"说谎"

可是，这个"虚假的自我"，只是一个暂时的庇护所而已。因为躲在这之后，"真实的自我"没有证明的机会，它与羞耻感一起躲起来，避免让其他人发现，却因为这一遮掩，而让我们对真实的自我感受、脆弱等，觉得更加羞耻。

而且，使用"假我"时，很难避免"说谎"，例如说"相反的话"：明明很在意，却说没关系。"说谎"这件事，正是一种隐藏真相、真实感受的适应行为。它让我们可以不用面对他人情绪的冲击，也可以安抚他人，避免真相或真实自我被拆穿。

可是，"说谎"这件事，又难以避免地带给我们罪恶感与羞耻感，让我们再次感受到内在负面标签——"我好糟糕"，然后这些感觉与原本的羞耻感呼应联结，无法展现"真我"的害怕与焦虑就会更深，更让我们只敢牢牢抓住"假我"，成为我们人生中的最后一根浮木，而形成难以破解的恶性循环。

再加上，当我们在人际关系中使用"虚假的自我"，我们与他人互动的行为，很多时候不是出于"自发性"，也就是"是我想这么做，因为我对你有感情"，而是为了维持这个"虚假的自我"，以及我对人际关系的不信任、害怕，为了避免因为内在负面标签被发现而被伤害，所以我需要迎合你、照顾你、安抚你，让你不会伤害我。

## 失去感觉爱与联结的能力

换句话说，我为了我维持我的"形象"，带着我的"偶像包袱"，必须扮演某种角色。这个角色看起来可以有效安抚别人，让其不会伤害我，我会感觉到自己被保护，所以这个角色也安抚了我自己。

但它是一种"自动化的行为"，而非"自发性的行为"。因为，我在关系中，都只感受到害怕与危险，所以我只能"自动化"地进行"虚假自我"的展现，而无法因为出自我的内心感受、为了爱与亲密或想与人自在地联结，才"自发地"进行人际关系的互动。

因为，当我用真实的感受与需求与他人互动，这实在太危险。就以前的羞辱创伤经验来说，这一定会被伤害、被攻击、不被接纳与被否定。所以，我需要牢牢地抓着"虚假的自我"，也就是我的面具不放。这是我唯一能够保护自己的方式。

但是在过程中，我失去在关系中感觉爱与联结的能力，也失去判断什么人适合靠近、什么人适合远离的自我保护能力，因为我只会用这种方式保护自己。

这种方式，只能保护我暂时不被伤害，却让"真实的我"失去了被认识、被接纳与被爱的可能性。它只能与我过往的羞辱创伤待在一起，一起沉浸在羞耻感与害怕当中。一起被变成"坏的"，即使它什么都没做。

而我们因为这样，更会对他人出现羞耻感，甚至有更大的不信任感与愤怒，因为他们只能接受我们这个"假我"，而且十分满意，使得我们的"真我"没机会出现。但事实上，有许多时候是因为我们太久没有让"真我"出现，连我们自己都忘记了他的样貌，也害怕面对真正的自己。

这是在关系中，"假我"出现之后，对我们关系的最大伤害。

# 因为羞辱创伤而造成的"重复性生命脚本"

## 牺牲自己，换取关系——爱情创伤

"我本来以为他是爱我的。"坐在咖啡厅的她说着。

她缓缓道出自己在上一段恋爱中，被要求拍不雅视频，后来却不敢离开的经验。

"身边的朋友都跟我说他很糟，我当然知道。可是他拥有很多让我觉得好的东西：好的职业、名声与地位。能够在众多女生中被他看上，我觉得自己很幸运，所以我应该好好努力达到他的要求，才有办法和他一直在一起。"她叹了一口气。

"我很努力。只要他说我外表哪里不够好，我就去整形。说我没气质，我就去学东西：插花、茶道、日本舞、调酒……我还拿到了厨师证。"她自嘲地笑了笑。

是没错，一场恋爱下来，她看似变漂亮不说，琴棋书画还样样精通。

可是，不知怎么，她的眼底愈来愈没有灵魂。

"我大概变成工具人了吧！"她叹一口气。

"我以为我是愈变愈好，但当他跟我提的要求愈来愈多，我却发现，我好像愈来愈难分辨，到底这些要求是不是过了头？我到底是在为了感情努力，还是为了爱在出卖我的灵魂？"

她说的，就是她与前男友的不雅视频拍摄。

"一开始只是好玩。因为爱他，拒绝他好像很不对。我很害怕看到他失望的表情，那会让我觉得我好像做错了什么事。所以，即使觉得不安，我还是答应了。"她嗫嚅着，讲出这些，对她一定很不容易。

"然后，他开始要求直播，要求露出我的脸来。他说，我的条件那么好，他想向他的朋友炫耀。"她哭了起来。

"我当然知道这不对劲，知道不应该答应。可是，他不在乎地对我说，只要他想，他可以找到一堆条件比我好的女生为他拍这个视频，也不差我一个。他给我机会拍，是因为看重我，我居然不相信他，认为他会伤害我或利用我，那就大可不必。"

"于是，你就答应了吗？"

"对，我太怕失去他了。他对我来说，是一个高不可攀的梦想，所以我得努力把他留在身边才行，尽一切努力。即使需要牺牲一切，包含我自己。"她苦笑。

"对那时的我来说，他是不可替代的、我人生唯一的希望跟价值。我完全不能想像离开他的自己会变成什么样……我想，可能自己就像个破布娃娃，被丢掉的那种。"

"我当然知道，知道要爱自己，知道这样不对，可是我停不下来。别人劝我、责备我甚至看不起我的话，我都听不下去。对那时的我来说，只有他的话、他的一言一笑，是能够撼动我世界的唯一。"

### ◆关于 PUA 与羞辱创伤

近年来谈亲密关系时，时常会谈到一个词："PUA"，也就是Pick-up Artist。讨论 PUA 的文章与书籍很多，有兴趣的朋友可以去找来看。不过，我想要针对 PUA 的几个重点做讨论。

所谓的 PUA，一开始的发展，其实是想帮助一些不擅长和女性互动、社交的异性恋男性，发展出一套"策略"，让男性能够在与女性互动时，得到一些可依凭的准则，增加其自信、减少焦虑，表现出最自然、自在的样子，因此博得好感，甚至能进一步发展亲密关系。

这种策略，后来被发展成一套"搭讪 / 撩妹策略"，且更加强"贬低他人""心理控制"甚至"行为控制"等部分，也开始成为用以帮助男性获得更多亲密关系，甚至控制他人的一种方式。

许多文章讨论到"PUA 哲学"的可恶。但我想要讨论的，是遭遇过羞辱创伤的人，特别容易陷入 PUA 的陷阱。

对受过羞辱创伤的人而言，他们对自我感是低下的，对展现内在自我也是害怕的。因此，身为羞辱创伤者，以男性而言，在社会的压力下，"求爱被拒"是一种很容易引发羞辱创伤、情绪重现、羞耻感的一种恐怖状态。因此，对于习惯以解决问题为导向的男性来说，知道有一套 SOP，并且加以遵守，就是一件很轻松简单、容易达成的事情。

如果把 PUA 的含义改成"你需要去探究你的内心有哪些不舒服的感觉……"等，它就不会这么盛行于男性之间了。

因为"探索自己"，特别是情绪，对男性来说实在太模糊、太陌生。这个社会也给了男性许多压力，包含要强壮、要有成就、要成功、要坚强……却没有给男性能够理解自己感受、增加自我韧性的工具。因此，男性只能用他们最熟悉，也被社会允许的工具，来"解决"亲密关系的问题与挫折，那就是："理性"以及"有步骤的 SOP 技巧"。

而且，就我的观察，在一开始进入亲密关系前，男性对于"被选择"的敏感度与感受到羞耻的程度，比女性高很多。而女性多半更重视"心灵契合""能够被理解"，这是长久以来社会性别上，内在情绪成熟度发展的差异所造成的。

因此，对于不少男性，与其去理解对方，结果被当成工具人，倒不如让自己在"求爱"这条路上，能够具有"控制感"，可以有一些方式让自己变得更有自信、更不焦虑、更容易成功，就跟工作一样。

因此 PUA 会盛行，其实并不意外。

### ◆ PUA 中的亲密关系，建立在"害怕"上

当我们不了解亲密关系的本质，只为了追求"拥有"亲密关系，以增加自我感觉良好时，这样的策略就很容易走歪。

例如 PUA 后来变成所谓的"养、套、杀"，极为强调"装出来的面具（外在形象）""贬低对方""控制对方为自己所用"，就使得这样的亲密关系，完全走向权力不平等的控制与掠夺，而无彼此的平等、尊重与理解。这段亲密关系的败亡，失败的不只是被控制者，还有控制者。因为两者都无法得到自己真正想要的，具有爱与理解的亲密关系。

在 PUA 中，所有的亲密关系，都只是建立在"害怕"上而已：

一方是：我害怕你离开我，我觉得自己没有价值，所以我要想办法控制你、践踏你，让你失去信心而不敢离开。

另一方是：我虽然觉得痛苦，但我害怕离开你之后，我就是没有价值的，或是我根本不敢离开，因为我觉得你可以控制我的生活，对我有极大的影响力。

从上面的描述，大家可能也发现了，另一种遭遇过羞辱创伤者，也特别容易陷入 PUA 这种关系当中，就是被"养、套、杀"的那个猎物。

从许多人的分享可以看到，有不少遭遇到 PUA 的女性，都

具有"配合他人需求""在意他人评价与感受""怀疑自我感受""当别人不开心时，很容易自责或'反省自己'"等特点。

而这些，正是遭遇羞辱创伤者的特征。只是在性别角色上，女性比男性更常展现出以上这些特质，因为社会鼓励女性当一个善体人意、缩小自我存在感的人。

特别是，有不少女性在面临亲密关系的问题时，会希望借由自己主动的改变，换取关系中的安稳，减少冲突。

因此，PUA 这个互动形式，才能一再地被使用，且一再成功。

不过，时代一直在演进着，关于 PUA，我也看到一些性别角色对调的状况。但当今天愈来愈多人能注意到这样的情况时，深陷在 PUA 关系中的你，不论你是施予者，还是承受者，我都希望你能够开始看清这个现象，重新思考自己在亲密关系中，真正想要的到底是什么。

对于施予者来说，你愿不愿意相信，不需要靠控制对方，对方还是有可能会爱你；就算因为对方不爱你而离开，那也不代表是你个人价值的崩坏或是被否定，而是代表你们是独立个体。仅是不爱了，而你与他／她都有能力再找到你能爱、能爱你的人。

对于承受者来说，你愿不愿意相信，当你离开对方，不代表你失去了价值，或是你做错了什么；你的身边除了他，还有其他爱你的人。当你愿意求助，他们都会愿意伸出援手，帮助你离开这段不健康的关系。

　　而你会遭遇这样的事，不是因为你做错了什么，也不是因为你不好，只是遇到了。离开，是保护自己、尊重你与对方的行动。因为你值得更适合你的人，当然，他也是。

## 你是否会让我失望？——权威创伤

　　小文觉得很受伤。

　　她很尊敬自己的指导教授。听过身边的同学或学长姐的一些不好的经历，例如被指导教授羞辱责骂，或是当免费助理用，甚至以权威压迫、恐吓——例如不听教授的话，就没办法口试、没办法毕业……这些恐怖的故事，都没有出现在她与指导教授之间。

　　在她的心目中，指导教授是个界限分明、不会过度干涉的老师，很多时候不会主动出手，但如果她需要帮助，或是教授判断这件事需要由教授自己来处理，教授也会不吝出手协助，让小文安心。

　　可以被照顾、被保护又不会被过度干涉。虽然教授很忙，有时候不是那么细心，但只要小文提出需要，教授就会想办法解决，小文觉得自己真的是太幸运了。

　　不过，发生了一件事，让小文对教授的观感开始动摇。

　　有一个和教授私交很好的老师，该老师对小文有些误会，使得两人在课堂上有些冲突。

教授知道这件事之后，建议小文可以去跟老师聊聊，把误会解开。

小文知道教授和这位老师关系很好，因此对于教授的这个建议并不意外。问题是，小文不觉得自己有做错什么，当听到教授这个建议时，一向习惯顺从权威的小文想着，"那我应该要按照教授的方式去做才对"。

不过，一向是乖学生的她，不知道为什么，对这个想法极为抗拒。

她忍不住想着："原来教授最后还是站在别人那一边""他们两个一定都在偷偷讨论我吧"……这种想法出现后，那种"原来我还是会被抛弃的、是不重要的"，以及"最终没有任何人值得信任"的感觉全部涌上，让她忍不住对教授出现排斥抗拒的情绪，甚至开始没办法参加与教授的会议，跟教授讨论论文。

小文也曾为了这件事跟朋友、同学讨论，想问问自己是否应该将自己的感受传达给教授。许多人给她的建议是："人在屋檐下，不得不低头。我看你还是乖乖照教授的方式去做，不要去跟他讨论在这件事上你的感受，不然你会受伤的。"

于是，小文默默地按照教授的建议去做，虽然自认完成了教授的期待，但心里很受伤，也觉得没有办法像以前一样信任教授了。

教授感受到小文的变化。某一次，教授邀了小文来她研究室聊聊。

　　教授先说出自己这段时间的感受与想法，也希望小文能够说出自己的感受。

　　在教授的分享下，小文才知道，教授从未与这位老师讨论过小文的事情，而教授会给予小文这样的建议，纯粹是因为以教授对那位老师与小文的理解，认为该老师是相当认真、正直的好老师，小文也是认真的好学生，双方都是做事认真，也是容易沟通的人，没必要因为这样的误会，而造成彼此见面的尴尬与不痛快。

　　当小文鼓起勇气和教授分享自己当时的心情时，教授也才发现，原来自己的"建议"，对小文来说，变成了"一定要去做的要求与期待"，而且这个建议也扭曲成了"是为了让小文去道歉"的形式。

　　教授了解了小文的心情，也向小文道了歉，告诉小文，这并非是自己的本意。

　　在这样的澄清中，小文才知道自己对于此事有许多误会，也才发现了，原来内心那些与权威之间的羞辱创伤，对自己的影响如此之大。


　　像这样的故事，大家是否觉得熟悉？

　　谈到羞辱创伤，很难不谈到"权威"。或许对于所有的人来说，心里都有一块面对权威的复杂心情。

　　事实上，读到这里，大家应该已经发现，"羞辱创伤"几乎大多是来自于权威的创伤，包含父母、老师……与这些权威互动的经验，最容易形成我们对自己的看法，而当互动经验不好时，又会形成我们对权威的想象。因此，若在与权威互动的经验中遭受过羞辱创伤，有过被羞辱、被伤害、被背叛的经历，日后，我们很可能会戴着这样已经破裂的眼镜，看着现在的权威，带入自己过去的创伤经验。

### ◆理想化对方

例如小文，她因为过往的创伤经验，带着"我是不重要的、会被抛弃的、不够好的"等内在负面标签，有机会遇到一个还不错的权威典范，让她有了与过去，甚至与他人不同的权威正向经验，因此让她"理想化"了自己的教授。

但是，这种"理想化"其实是很危险的，因为一旦对方做错一件事情，甚至只是做的事情会"勾起""引发"过去的羞辱创伤记忆，这种"情绪重现"，就会和小文的内在负面标签，以及对世界不信任的看法等呼应，让小文陷入那些"情绪重现"的负面情绪中：忧郁、愤怒、羞耻、悲伤……

而这些情绪，会让小文出现习惯性的防卫机制与生存策略，用以克服、适应这样的情况，那就是：顺应他人感受、满足他人需求与期待。

但是，对小文来说，感受并没有变好，反而因为之前理想化了权威，但权威却让她失望，内心的委屈、失望等情绪变得更强，愤怒、怨与忧郁也来得更深。于是这些情绪加强了小文内在的生命脚本：

"没有人会站在我这边的、我是没人爱的、会被舍弃的，最终，我只能靠自己，没有可以信任的人。"

于是，原本小文有机会可以在这个权威上获得新的对权威的理解与"矫正性经验"——也就是跟以前不一样的、好的经验。却因为过往的创伤经历缠住了自己想勇敢面对的心，而差点错过了一次好的人际互动经历。

### ◆集体性的权威羞辱创伤

以上并非小文的错。在这个故事中，我们可以看到"羞辱创伤"对我们的影响，它会造成我们对人际失准的判断，还会让我们陷入过往重复的生命脚本里。

另外，关于这个故事，有个部分也是大家可以特别留意的。那就是，因为与教授之前的良好互动，让小文对教授有了多一点的安全感，因此，她曾想过要去和教授谈谈自己内心的感受。但是身边的同学、朋友等许多人劝她不要这样做，因此小文打消了念头。

这个"阻止"是我们整个文化中非常有意义的部分，也就是"集体性的权威羞辱创伤"。

很多人都有这样的经验：当我以为你是可以相信、可以依靠的，我向你表现了我最脆弱的感受与情绪时，此时权威无法像平等的人一样去分享自己的感受与心情，反而是站在权威的位置上，拒绝、否定了我。

这个拒绝与否定，会让我产生极大的羞耻感，因为我暴露了自己最脆弱的部分，而被拒绝、不被接纳，甚至有时还被否定，最后却被说成是"你自己的问题"。

这样的经历，真的让我好害怕，所以，我宁愿先把权威都想成坏的，这样至少我可以保护自己，不让自己受伤。

这类的故事，其实不仅仅出现在权威创伤中，在爱情中，也有很多这样的故事：因为我害怕，所以我要先把你想得坏些。我要先预防性地控制你、掌握你，让你不会"做坏事"，我才会安全。

然后有一天，对方受不了这样的掌控，决定离开。

而我的感受是：

"你看，果然没有人受得了我。我最终就是会被抛弃、被丢下、不被爱。"

而我人生的脚本，就这样一再重复，甚至被强化。

这些人际关系的困顿与"强制性重复"，常常是羞辱创伤所造成的影响。

# 六　当我们陷入羞辱创伤而过度 努力——没关系，还有我爱你

这段疗愈过程，
是你一路上都孤独着自己找路的理解，
也是你一路上承担经历了许多的懂得。

# 阶段一：探究你的羞辱创伤
## ——伤口被看见，才会被疗愈

你过去遭遇了什么让你觉得羞辱、受伤的事？

在读了前面关于羞辱创伤的描述，你发现自己有着类似的经历吗？

或许，读完了这些关于羞辱创伤的描述，你想要赶快了解，羞辱创伤对自己现在的影响，以及想知道要怎么做才能赶快"好起来"。

但我想先请你试着把你遭遇过，觉得受伤、脆弱，甚至带有羞耻感、罪恶感的经历与记忆写下来，或是对着自己说出来。

探究自己的羞辱创伤，是疗愈自己很重要的第一步。

为什么一定要说出来呢？

面对羞辱创伤，当时的情景，会因为被他人对待或伤害的关系，成为我们生命中的一个自认的污点。但是，这个记忆是被他人"扭曲过的"。也就是说，是因为我们以他人的观点为观点，以他人的感受为感受，而重塑了这个记忆本身。

这个记忆本身的"诉说权"是什么样子的,而我们遭受了什么,是怎样的感受与情绪,就这样都钳制在他人的手上。

因此,去描述、理解自己到底经历了什么,当时是什么样的感受与情绪,而这又怎么影响了我们,是一个很重要的自我疗伤的阶段,也是帮助自己理解:

这些经历本身,对我们产生了什么影响,如何造就我们成为了现在的自己。

如果我们不说出来,就无法拥有力量去阻止施加创伤者。当这些成为秘密时,他们会以为自己仍然可以这么做。而"秘密",会让这个羞耻感继续留在我们身上,使得我们承担这些,变成我们性格中的一部分。

把这些羞耻感还给对方,是一件很重要的事情。

还有,这是一种"赋能",是我们开始学会保护自己、开始给自己力量、开始去正视自己遭受过什么,以及当时我的感受与情绪是什么,我终于可以拿回来的证明。

## "自我悲悯",让自己能够前进

在韩剧《少年法庭》中有一段话,直击我心。

遭受家庭暴力的孩子们,在受害之后就不会再长大了,即使

*过了十年、二十年，那也只是时间流逝而已，而他们会被独自拘禁在过去的日子里……*

　　这段话说的是遭受家暴的孩子、遭受情绪或肢体虐待的孩子，也是在说羞辱创伤的孩子。

　　他们停在那里，无法前进，也无法后退。他们是长大的人，装着幼小的灵魂，瑟缩在角落，永远长不成大人的样子。只能扛着大人的面具，勉强地过着每一天。

　　写下这些事，理解这些事实，是帮助自己拿回公正的眼光，公平地对待自己；拿回自己被剥夺、不准发声的感受、情绪与想法；还有，拿回对自己的同理心，能对自己"自我悲悯"。

　　然后，让自己能够前进。

　　我见过许多个案中承受者对自己极为残忍。在描述创伤记忆时，他们会很残忍地对自己说："你活该，你就是没人爱，活该会这么被对待！"

　　当我们没有机会去重新观看这段创伤时，我们会用当初伤害我们的人的眼光去看待自己、看待这些创伤记忆。我们会不小心内化了对方对待我们的方式、说的语言，而变成了自我鞭笞的动力。

　　要让这些伤口复原，需要练习重新探究自己的创伤记忆，并且拿回自己被别人剥夺，甚至被封印住的那些感受与情绪，让自己的心可以找回来。

接下来，深吸一口气，我们一起走这段疗愈的路程。

路途中，不忘拍拍自己，对自己说："你真的很勇敢，我陪着你。"

## 我曾经遭遇了什么？

知道自己遭遇的是痛苦的、不公平的事，对我们的复原之路是很重要的。

我们需要去看那些过去的经验。哪些是我们的真实，让属于我们的感受、想法等能够恢复，了解自己遭受过什么不合理的对待，并且理解那些恐惧如何影响我们。

开始第一步时，我想请你找一个让你觉得舒适、安全、安静的空间，你可以放置会让你舒服的抱枕，或是在书写时，手边放着可以安慰你的东西。一个小玩偶、小摆饰、舒压球、香氛精油、音乐等都可以。

当你觉得这个书写或是回忆过程让你觉得有些压力，就可以触摸、嗅闻、聆听、观看这些可以带给你安全的物品，提醒自己可以慢慢放松，安抚你的身心。

当你开始觉得安全、舒适后，你可以拿出你的日记本、笔记本，使用书写的办法，或是拿出录音器材，用说的形式也可以。

接下来，你可以：

（1）选择一段曾遭受过羞辱创伤的记忆，试着回忆，并写下或说出当时发生了什么事。

（2）问问自己：当时的感受是什么？

（3）这个经历让你对自己或他人产生什么看法？（可参考负面认同与负面标签）

（4）这些感受与看法，促使你做了什么决定？

（5）如果你是一个旁观者，你会想对这个过去的自己说什么？

举例而言：

小琴一直觉得说出自己的需求是不对的。她认为凡事就是应该靠自己，因为从她有记忆以来，她都被父母说是一个会造成别人麻烦、需求很多的小孩。

（1）小时候有一次，她在放学回家的途中跌倒了。当时膝盖出现了一个好大的伤口，一直流血。

她一边哭着，一边跑回家。邻居阿姨看到她的制服沾到了血、狼狈不堪，还一直哭，想帮她包扎，但是当时妈妈还没回家，她不敢让邻居阿姨帮她处理伤口，怕因为麻烦别人会被妈妈骂。

左邻右舍都劝小琴让阿姨包扎，但她还是拒绝，哭着回家等妈妈。

妈妈下班一回家，立刻气得跳脚，对小琴说："我刚才到家楼下，邻居全部跑来说我女儿受伤了，却不让人包扎，因为怕妈妈生气。人家还以为我是多恐怖的妈妈，才会让女儿受伤，怕我怕到不敢让别人包扎，都是你不小心！"然后，小琴就被妈妈掌掴，还被毒打了一顿。

她的哭叫，左邻右舍应该都听到了吧。

（2）小琴想起这件事，回顾当时受伤的自己，应该是又痛又害怕，怕自己伤口一直流血，但更怕妈妈生气。

当妈妈毒打她、大声骂她的时候，她的感受是既痛、害怕、丢脸羞耻又愤怒。妈妈让她觉得自己做错事了，而且重点是：不能做错事、不能让妈妈丢脸，至于她的伤口痛不痛，一点都不重要。

（3）于是，小琴觉得自己的感受是不被在乎的，自己是不重要的、是会给人添麻烦的；而这个世界上没有人会保护自己、会照顾或重视自己的感受，就连自己的妈妈也不会。

（4）所以，小琴下了一个决定："我以后都要靠自己。我再也不要麻烦别人，包括我的家人。这样，我就再也不用遭遇这种可怕的状况，不会再因为期待而受伤，也不会因为自己受伤而遭受更大的怪罪与责备。"

小琴的委屈情绪，就被锁在这个过去中。

打开这个羞辱创伤后，当小琴愿意去感受那时候自己的感受、了解自己如何形成对自己与他人的看法时，我们就开始了第一步。

在这个时候，如果我们可以把自己当成旁观者。看看那个小时候的自己，试着对他／她说些安慰的话，这就是自我悲悯的第一步。

（5）我们可以找个小玩偶，或是小代表物，把它当成会让自己想起小时候的自己的替代物。而长大后的自己，可以试着对有这个经验的自己说：

"你一定吓坏了吧！那时候的你，一定又痛又难过。你好希望妈妈可以照顾你，也好伤心妈妈这样对你。可是，你知道吗？那不是你的错，那真的不是你的错。"

然后，我们可以拍拍、摸摸，甚至拥抱一下小时候的自己。

这，就是开始复原、疗愈的第一步。

## 淡化与合理化的影响：停止把注意力放在对方身上，而是要关注自己

要平铺直叙地说出之前所发生的创伤经验，其实是一件非常不容易的事。我们可能会被自己的害怕所打断，那些习惯的防卫机制会跑上来，阻止我们去接触自己内在的情绪感受。

例如，很多人会在描述这样的经历时，忍不住补充说："我真的能懂，妈妈不是故意的。她那天下班刚回家，非常累。前一

天又跟爸爸吵架，邻居还这样说她。她会生气，是正常的。"

或是："其实，那都是过去的事情了。我现在跟妈妈很好，妈妈跟以前不一样了……"

也可能是："但这些事情都过去了……"

这些都是关闭情绪、淡化与合理化我们的情绪创伤经验，试图想要让我们当下可以不用接触情绪、可以好过一点的防卫机制。

可是，我们一定要知道：

去看见、接触我们的创伤与过往被封印的情绪，不代表我们正在责怪谁；我们会痛，不代表就是要去说"是谁的错"；更甚者，对方可能需要为当时的行为对你负责任，但这仍然无法抹杀你们现在的关系，以及曾经拥有的美好回忆。

伤害与美好、爱与恨、尊敬与贬抑、理想与失望……有时候，是会存在同一个人身上的，而这就是爱与关系的复杂性。

只是，受过羞辱创伤的孩子，有时候会因为对施予羞辱创伤者的"忠诚"与"罪恶感"，导致自己不敢去碰触自己的受伤经历与感受，因为担心连做这样的事情，都是在指责对方。

而这，就是我们该去意识、该去重新理解自我感受的重要性的关键。

因为，我知道、理解并尊重我的感受，是没有对不起任何人的。

这正是我身为一个独立个体、一个值得尊重的人的证明。

# 阶段二：哀悼那些你所失去的，了解不是你的错

哀悼这个步骤，是非常重要的。

我们需要哀悼，哀悼曾把这些过错归咎在我们身上的自己。因为我们曾经期待，期待我们若有一天可以"不犯错"或"做对了"，我们就有机会可以得到爱与理解，得到过去我们没有得到的、而极为期盼的那些；可是我们必须知道，原来，这一切都不是我的错。

但这也代表了，我们期盼因为我们能够调整自己，让自己变得更好而得到爱的这件事，原本就不是可达成的期盼。

因为，可能我们所盼望的这些人，本身就没有能力提供更好的对待，或是，更多的爱。

当我们理解这不是我们的错时，也等于宣布了，原来过去我们用这些防卫机制，希望可以得到更多爱、过得更幸福，其实可能是错了。

原来，一开始，就是这些人可能没有能力爱。

我们的期盼，或许就这样破灭了。

这个理解，是需要哀悼的。

另外，在这个哀悼过程中，也是帮助我们"捡回"我们过去被舍弃、不被允许出现的情绪。

对许多遭受过羞辱创伤的人而言，在过去的经验里，最常被舍弃掉的情绪是"愤怒"，而最常感受到的情绪是"焦虑"。焦虑就容易让我们在自己僵化的防卫机制、生存策略里打转。

哀悼，可以找回愤怒，而愤怒是有力量的，可以让我们更重视自己的情绪与需求，并且学会用新的方式保护自己，那就是：感受自己、表达自己或拒绝他人。

但若这个"愤怒"对于我们十分陌生，当情绪上来，会造成我们对他人的害怕。害怕如果表现出愤怒，别人会讨厌我们；也容易出现对他人的愤怒与不满，觉得自己会这个样子都是别人害的……出现这些情况，都是正常的。

不过，我们永远不要忘记，我们需要练习把注意力从"他人"身上转回"自己"身上，因为"把注意力放在他人身上"是我们的生存策略与习惯。

因此，在感受这个愤怒时，问问自己在气什么、为什么会生气，甚至问问自己为什么会发生这样的事情，这样，我们才有机会看到自己深层的委屈与受伤，并且借由感受这个愤怒，成为我们的力量。让我们有勇气负自己的责任，也能让自己能够有勇气拒绝别人，让自己不委屈。

## 哀悼的步骤

哀悼的步骤共有六个：

■ *找一个创伤知情者/见证者，向他/她诉说你的创伤经验。*

■ *可以生气。*

■ *可以掉眼泪。*

■ *可以替自己说话。*

■ *可以愈来愈能说给别人/自己听。*

■ *感谢没有放弃的自己。*

前五个步骤，可以结合阶段一，这些都是感受自己的情绪，找回内在自我的重要过程。而第六个步骤，就是对自己所做的看见与感谢。那是你一路上都孤独着自己找路的理解，那也是你一路上承担、经历了许多的懂得。这个步骤，是你给自己的感谢与拥抱，感谢自己一个人就这样撑了过来。这就是所谓的"自我接纳"。

事实上，对于经历羞辱创伤的人来说，会有一部分的自己，被留在那段创伤里，被困住、没有办法长大。

我们没有办法跟别人说，也觉得这个经验是羞耻的，于是更想藏起来，而自己的羞耻感就变得更深，我们就会更讨厌这样的自己。

找一个可信任的人，试着说出自己以前的创伤经验，并开始练习接纳这些经验与自己，是重要的。不过，这个对象的选择很重要。因为有些时候，虽然有些人是爱你、支持你的，但是或许他也有自己的创伤、有自己处理创伤与情绪的方式，而这个方式可能不是你喜欢的。

若你选择对他诉说，而他立刻使用他习惯的防卫机制来面对你，你可能会因为掏出了自己的脆弱，却没有得到对方真诚的回应而受伤。

因此，选择适合的对象，也不要因为选择了可能没能力给予你想要的支持的对象而失望、愤怒。

## 学习自我悲悯

如果你的创伤过大，或你觉得不安全，思考着身边可能没有可以分享的人，我会建议你选择适合的心理专业工作者，例如心理师。

"哀悼"这段过程，是与自我建立关系、对自我产生同理心——也就是"自我悲悯"的重要过程。

我们会在"哀悼"的这段过程中，哀悼过去的自己必须遭受这些，哀悼着"原来这不是我的错"，但却又失望于"原来可能我们所期待的爱与尊重，对方是没有能力给我的。"

和阶段一相同，"哀悼"的过程会让我们碰到许多自己的脆弱情绪，但和阶段一不同的是，当我们今天有机会对着别人诉说这些事情、心情，而对方能够理解时，我们的过去和所受的伤就被看见了；当有人告诉我们"这真的不是你的错"时，这个因羞辱创伤产生的巨大羞耻感，才有机会被放下，伤口也才有机会疗愈。

而我们或许才能开始掉眼泪，开始因为理解自己，而替自己说话，这或许都是过去没有的经验。

我相信，在这个阶段，可能也会有人想去找家人、伴侣或是好友练习。以下是几个提醒：

■请先不要找造成你创伤的对象，期待他能够跟你道歉，或是承认他对你做了什么：

当对方处在防卫状态时，是很难去理解你的心情，以及承认自己做错了什么。你的尝试，可能会让你失望，而强化了"对他人不信任"的负面观感。

当然，若你觉得这个互相核对、理解是非常重要的，我会建议你找可靠的家族治疗、伴侣治疗等心理师，让你能够有机会在较安全的环境下，表达自己。

■谨慎评估对象：

若是你希望和伴侣、好友或家人讨论，请谨慎评估对方是否是一个相当支持你、愿意理解你的对象。

若你在第一次展开脆弱情绪，但对方因为害怕而拒绝、防卫，试着去跟你说"都过去了""这没什么""你要向前看",甚至说出"你也太玻璃心了"。这些可能都会让你非常受伤、受挫折,甚至影响你对他的信任感与关系。

但请你了解,他们的回复,很可能只是因为,对他们来说,这个情绪与事件是会让他们不舒服、甚至害怕的,而面对自己出现不舒服的情绪时,他们可能都是这样处理的。

因此,这可能只是他们的自我保护机制,而和他们爱不爱你无关。

小心不要因此陷入你过去的内在负面标签中。

■选择心理师:

在选择心理师上,如果你想要讨论创伤的议题,可选择学派比较偏向经验或人本学派,例如个人中心、完形、EFT、创伤知情相关等,其中,完形、EFT与创伤知情相关学派我都很推荐。

不过,即使同一学派,不同的心理师仍可能风格迥异,因此建议大家可以尊重自己的感受,找到适合自己的心理师。

不过,这类的创伤议题,因为时常与权威有关,因此也可能会造成你和心理师的一些"移情"——也就是过去的创伤经验与互动关系,可能会出现在你与心理师之间。

试着与自己的心理师讨论看看,分享你的感受与心情,让心理师有机会了解你的状况。大部分专业的心理师,都会就这部分给予真诚的回应。

但如果你觉得互动过程中并不舒服，你也已经当面反映、讨论过了。那么，请记得现在的你和以前不一样，你是个有能力、有资源做选择的大人，你可以试着让心理师知道你的需求，让他／她为你建议更好的人选。

当然，在与人互动的过程中，也还是有受伤的可能，因为我们不知道对方会不会符合我们的期待。但在这样的尝试过程中，其实也是让我们学会：拿捏自我的期待被满足、理想化对方，以及了解他人的能力有限的过程。

很多时候，这与他人的能力有限有关，并非你的错。当遇到这样的状况时，练习不要怪罪到自己身上，才会减少自己期待找一个"完全可以理解自己"的"完美的人"，不至于发现对方做不到后，又把自己的失望与受伤丢到他人身上，而掉进了过去重复性的人生脚本。

**小叮咛**

在阶段一或阶段二，可以在碰触自己的情绪时，试着对自己说以下这一段话：

这真的不是你的错，你已经做到那时候你能做到的最好。

你真的辛苦了，谢谢你一直陪着我。我们都很努力，没有放弃，对不对？

真的谢谢你。

这是一个很重要的自我接纳。当我们开始能够理解、接纳那时候不被接纳的自己，被压抑的羞耻感才有机会被释放，不再缠绕着我们、成为我们的诅咒。

# 阶段三：撕下你的负面标签
## ——重述属于你的这个故事

当我们开始接纳并且照顾自己，积累在过往，那些不敢或不能触碰的情绪，开始获得理解与释放，我们就有机会可以用不同的眼光来看过往的经验与故事。

试着重新写下关于这段记忆中，属于自己的版本。

例如，前面提到的小琴的故事，或许可以试着这么写：

受伤的我，既害怕又疼痛。那时候，我真的很想得到妈妈的照顾与安慰。有这样需求的我，并没有错，不管妈妈那时候是因为什么原因，她对待我的态度，真的让我受伤了。

我觉得没有被照顾、没有被理解，这样让我对她失去了信任感与安全感。

即使她可能有困难、可能不是故意的，但我仍然受伤了。这是我真实的感受，我不用掩盖。

所以，这不是我的错，不是因为我笨，跌倒了，所以该承受这些，也不是因为我不值得被珍惜。只是当时我能依靠的对象，也只有父母。

即使我的父母在当时骂我、打我，可是那是在他们的角度看到的事情，而不是真正的我做错了什么。因为也不是每一个父母，都会因为孩子的这种状况而打骂小孩，所以那是他们必须承担的责任，不是我。

所以，这不是我的错。

当然，现在的我已经长大，很多时候，我可以自己照顾自己。但是，有时候我仍然会需要别人的照顾与帮助。因为我已经长大，我可以练习分辨，哪些人是我需要帮助时，他们会愿意帮助我、照顾我；但有的时候，他们依然会有困难，我能够在他们有困难的时候理解他们，因为我还是有照顾自己的能力，也可以再跟其他安全的对象寻求帮助，不用因为他们一时无法帮助我，而对他们彻底失望。

因为，他们和我在过去事件中经历的父母是不同的。他们是他们自己，不是我过去的谁。


试着写下一段将"内在负面标签"去除的"稍微客观"的故事。如果发现做这件事并不容易，可以试着把自己当成自己的好友，去看这样的经历，你会给这位好友什么回应。

当然也有些人，发现要跳出这个框架与感受并不容易。那么，请回到阶段二，找可信任的对象或心理专业工作者，协助你完成这个阶段。

如果有机会完成阶段三的新故事，你会发现，自己的内在负面标签正在慢慢消除，对于他人的不信任感，以及容易陷入过往的重复性脚本里的状况，也会愈来愈有机会破除。

关于内在负面标签的延伸生存策略会如何展现，有兴趣的朋友可以参考《过度努力》，里面的例子都是关于受到羞辱创伤的人，看一下他们的生存策略展现如何影响他们的生活，以及之后的修复之旅。

此处对照《过度努力》，整理出关于"内在负面标签"的因应生存策略（如下表），作为阶段三"撕除负面标签"的参考。

| 内在负面标签 | 因应的生存策略 |
| --- | --- |
| 我是会被抛弃的、不被爱的 | 要有用才会被爱；<br>没有人能依靠，只能靠自己 |
| 我是不重要的、比不上别人的 | 追求赢的感觉、习惯比较与竞争 |
| 我是不够好的、别人都不会满意 | 怕犯错、怕被批评；<br>完美主义、要符合他人期待 |
| 我的感觉是不重要的、别人不会懂的 | 失去感觉、隔离情绪；<br>不要和别人太靠近、难以亲近 |
| 都是我的错 | 过度负责、讨好、照顾别人 |

# 阶段四：情绪调节的练习与重新建立
## ——面对情绪重现，我可以怎么做？

阶段四的"情绪调节的练习与重新建立"，我认为可以在任何一个阶段练习，不一定要等到前面三个阶段都完成后才做。

因为这个练习，是直接能够安抚我们的情绪，减少我们的焦虑与刺激，让"情绪重现"的灾难性感受降低的重要步骤。

但还是提醒大家，书籍与自助方式是有帮助的，不过，若你的创伤或情绪重现状况太频繁、太猛烈，甚至影响到你的日常生活或是与他人的互动，请务必寻求专业的协助，才能针对你的状态，进行更全面的调整。

在情绪重现时，因为感受太可怕，会引发我们的焦虑，让我们想要赶快找一些方法解决它。

有些人会压抑、自我隔离，有些人用"立刻做些什么"，例如在人际中讨好他人、不停说话、照顾别人、挑剔或攻击他人、控制和贬低别人等，也有些人，可能会选择逃到药物、酒精、购物、食物、工作里等。

不过，当我们有机会可以与自己的"情绪重现"相处，甚至安抚它，我们才有机会"选择"最适合自己，并且有效的情绪调节方式，而不会下意识、没有选择地，每次都逃到同一个地方，或是用具有伤害性的方式调节自己的情绪。

要如何改变原本的情绪调节方式呢？以下是几个提醒。

当情绪上来时：

◆**停一下：**

◎如果正在压力情境中，找个机会先暂时离开现场，或是脑中放空，让自己可以不用一直停在"压力下的焦虑"里。

◎一边深呼吸，一边告诉自己：我"撑得住"这个情绪，并拍拍自己，跟自己说："现在的自己是安全的。"

◎深呼吸时，如果有余裕，可以试着做一些安抚自己的事。例如抚摸自己的手，抱着舒适的抱枕与布偶，或是嗅闻自己喜欢的味道的精油、观看自己喜欢的物品，甚至洗把脸、握住冰块等。

平时可以留意自己哪一个感官比较敏感，可以准备几个小方法做"自我安抚"，以此让自己的身心恢复到比较舒服的状态。

◆**觉察：**

当情绪平静下来之后，试着问问自己：

◎这个感受是什么？为什么会出现这个感受？

◎是因为对方做的事情，让我有这种感受，还是因为他引发了我过去的创伤经验？

**◆确认是现在，还是过去：**

◎如果是因为"现在"的经历，也就是我真的遇到了很糟糕、会伤害我的事。

那么，我可以再问自己："现在出现的情绪是什么？"

如果是愤怒、羞耻感等，我需要再问问自己："发生的事情真的需要感到羞耻吗？还是因为它勾起了我过往的情绪？"

◎如果是因为勾起过往的创伤情绪，那么，试着做个分辨，并且停下来跟自己说："现在的那些心情是过去造成的，不是我的现在，我可以放心。"然后先把过往的情绪暂时放着，等到回家之后，在安全的时空中，试着用阶段一到三，再重新回顾整理。

◎如果是现在的经验就足以让你不舒服，问自己：出现了这个情绪之后，让你对自己、对他人有什么感受、想法，而这个感受与想法，促使你想怎么做。

◎在这个过程中，不批评任何的情绪，就让自己随着情绪流动、感受。

记得告诉自己："我撑得住，不会发生什么坏事。我有这些情绪是正常的。"

**小叮咛**

"停一下"的这个步骤，可能是一开始最不容易，却是最重要的部分。

因为它是打破我们每次遇到"情绪重现"，就会使用"僵化的防卫机制或生存策略"的重要步骤，让我们可以有机会培养自己调节情绪的"第二种因应方法"。

因此，在"停一下"这个步骤中，我还有以下的小方法与大家分享，让大家可以试试看，哪一个能够有效协助你。

例如：

■拥抱自己或他人。

■拥抱、抚摸玩偶。

■练习安慰自己、说一些打气的话。

■书写、画画、捏黏土等。

■正念呼吸。

■运动。

■洗把脸、洗澡。

■先喝有点温度的水，冰水、热水皆可，让你能够舒缓。

■拿起你喜欢的东西，好好端详。

■听让你舒服的音乐。

■泡澡。

总之，先做一件事情，让你有机会安静下来，觉得舒服、有安全感、有力量，而不要马上选择去做会上瘾，或是可能破坏关系与自我观感的事。

请尽可能找到可以安抚你的小方法，让它们成为你自己的解咒剂。

## 情绪重现造成的关系伤害与信任重建：重新当自己的父母

因为"情绪重现"所造成的恐惧与伤害性极大，有些时候，你可能经验过这个"情绪重现"对你、对关系造成的伤害，因此会让你非常害怕这个感觉，甚至厌恶会出现这种情况的自己。

或者，你可能会用你父母，或是过去对你很严格、伤害过你的人的方式，来对待、羞辱责备你自己，这样是不对的、不好的。

我想要邀请你，在"情绪重现"时，练习做这些事：

■告诉自己：有这个情绪是正常的，但不是你的错。

■不评判、不批评，如其所是地接纳自己的情绪。

■拍拍自己，告诉自己真的没事。用你会安慰朋友的方式安慰自己。

■提醒自己："你真的很安全，别人不会因为这样就不爱你。"如果发现自己对自己说这些话并不容易相信，试着在心中想一个会让你觉得安心的人，例如你的朋友、伴侣、亲近的人，或是心理师，然后问问自己："如果是他听到我的害怕与担心，他会怎么说。"

这其实就是简单的建立自我安全感的方法。只有我们多加练习，才有机会破除我们内心习惯性的创伤思考模式。

而在这样的练习下，"情绪重现"的情绪海啸，就有机会愈来愈低，也不再会那么容易与我们的内在负面标签、创伤思考模式做呼应。

当它的杀伤力下降，我们就愈来愈了解如何与其相处，不再那么害怕。对自己的羞耻感与厌恶感，也会因而慢慢减缓。

**小叮咛**

学会唤起安全感的方式。

■**护法咒：**

请好友或可信任的人录一段话，或是写一段话送你。

你可以把这段话写在小卡片上，或是录在手机里，当你"情绪重现"时，就可以拿出来听一下。

那就是让你破除"情绪重现"这个催狂魔的"护法咒"。保护你，让你记得是有人爱你的、在乎你的，让你可以一起带着这个力量来保护自己。

■**安全堡垒：**

在家里，或是办公桌上等，准备一些让你觉得被爱、觉得安全的小象征物、小礼物，以及布置一个可以让自己看到就会觉得被爱、觉得安全的小角落。在情绪重现时，可以躲在那里、看到这个物品或握着它，以此给予自己力量。

让自己可以想起自己是被爱的，以及提醒自己是有力量、可忍耐的。

# 阶段五：与唱衰魔人对话

在前面四个阶段里，我们等于在跳脱过往习惯的创伤情绪处理模式，努力想要开始建立一种新的"生活适应模式"。不过，我们内在的"自厌惩罚"，也就是"自我批评/自我怪罪"，时常会跑出来阻止我们建立新模式。在这里，我想把它称呼为"唱衰魔人"。

你的"唱衰魔人"，可能会在你有情绪、想去感受时，跟你说：

"还好吧？这又没什么。""你也太玻璃心了……""你要是这么容易有情绪，抗压性太低，大家都会觉得你有问题。"

也有可能，当你想要自我照顾，想要练习当自己的父母，拍拍、安慰自己时，唱衰魔人会在这个时候跑出来说："没有用啦，做这种事可以干嘛？""别人又不会这样对你，你这样不是骗自己吗？""你对自己太好了啦……"

或是在你感受对别人的生气时，唱衰魔人又跑出来跟你唱反调："唉呦，别人也是有苦处的。""不用这么放大这些事吧，有那么严重吗？""你这样也太自以为是了吧……"

甚至，在你做错事时，他会跑出来说："天啊，你好丢脸！""大

家都在笑你了！""每个人一定都会在心里批评你，说不定还会
私下讨论……"

## 平等、尊重地跟唱衰魔人对话

你的"唱衰魔人"，可能会以各种样貌，呈现在你进行这些
创伤的自我疗愈阶段，甚至继续出现在你的生活中。

我想要邀请你，当你的"唱衰魔人"又开始阻止你的新模式
建立时，先停下来，跟他开始对话。

如果你愿意，也可以为他选择一个象征物，比如一个布偶。
然后，遇到唱衰魔人又出来时，不要再像小孩一样，被他追着打。

请你记得，你已经长大了。把自己放回大人的位置，平等、
尊重地跟他对话吧！

例如：

当唱衰魔人说"知道情绪有什么用,这东西又不重要"的时候，
你可以试着跟他对话——

"可是，这对我现在很重要。因为我真的想知道我的感受是
什么，它可以帮助我理解自己、理解我的需求。"甚至可以问问他：
"为什么你觉得不重要呢？"

也许，他会这样回答你："因为没有用啊！就算知道自己的
情绪，又没有人会重视，不会改变什么。"

那你就可以告诉他："以前可能没有用，可能没有人会重视，但现在我很重视。我已经长大了，知道我的情绪，可以让我保护自己，也可以让我更好地做判断，知道要怎么做才会让我跟他人相处时不会受伤、比较舒服。"

然后，你可以试着跟他说："请你相信我，我们一起试试看，好吗？"

## 很多时刻，唱衰魔人是想保护我们

或许读到这里，大家已经稍微发现，"唱衰魔人"有点像是过去那个受伤的我们所创造出来的一个保护自己的"纠察队"。

这个纠察队，可能融合了过去羞辱、批评我们的人说的话，也可能包含了我们的内在负面标签与对世界的看法。

他带着很多伤，愤世嫉俗，讲话很尖锐、很难听。但是，他的目的，其实很多时候是想保护我们。

只是，他就像是我们内在构建的那个——总是在嫌小孩，但是误以为"我是为你好"的父母。很多时候，他内化了那些羞辱创伤的记忆，反而会对我们"戳好、戳满"，让我们更加受伤、难受。

虽然他是希望借由这种方式，让我们不会无知地面对这个世界、遭受世界的攻击，但他却没发现，他对我们自身的攻击，比这个世界的攻击还多。

所以，请试着跟你的"唱衰魔人"建立关系。让他也对你产生一些同理心，这其实也是"自我悲悯"的一部分，让你有机会和唱衰魔人开始进行对你有帮助的对话。

当你跟他关系变好，试着理解他（也就是理解你自己）内心害怕再受伤的恐惧感受，并开始试着安抚他、鼓励他，让他相信你，或是邀请他帮助你，给你一些意见与想法。

你会在对话中慢慢发现：原来他并不是只会批评我，有些时候，他其实也是有帮助的，并非只是找我麻烦而已。

例如，当你要准备一个很重要的会议、演讲、比赛或表演，唱衰魔人可能会趁着你出现焦虑的情绪时，跑出来碎碎念：

"这个会议很重要，你真的可以吗？"

"你真的能够在这么多人面前演讲吗？你会不会出糗？大家会不会不想听？"

"比赛或表演会不会发生什么意外的事情……"

这时候，请不要无视他，试着转身跟他说说话——

你："嘿，老友，你现在在担心什么？"

唱衰魔人："我就是怕不好的事情发生啊。我怕你准备不够、怕你被别人笑、怕有坏事发生……"

你："谢谢你担心我。那么，我们来想一下，有哪些担心，是我现在可以解决的？看起来，'准备不够'这部分，我好像可以看看还能再做些什么。这样你觉得好吗？"

唱衰魔人："……"

## 建立"自我安抚"与"温柔的讲话方式"

一旦你开始习惯常常跟他对话，你会发现，有时候他的提醒并非没有意义，而有些可能是过度批评与焦虑，与现实不符。

你需要经由一次又一次的对话，提醒他（还有你自己）你现在拥有怎样的能力，以及现在外在的环境或许没有过去那么危险，而你是有力量可以做选择的人，因此，他不必那么担心。

于是，在一次次的对话与了解之后，你会发现，唱衰魔人其实没那么讨厌，因为他与你过往的创伤经验中伤害你的人是不同的。

他是你创造出来，想要试着用外面的"生存规则"来提醒你、保护你的好伙伴。只是，他时常用错方法，使用过于尖锐的说话方式。

因为，他从来没有经验过温柔的对待。因此，你可以从现在开始，试着教他怎么冷静下来、不要太紧张，还有教他怎么温柔地说话。这就是你替自己建立"自我安抚"与"温柔的讲话方式"的两种重要的自我对待的模式。

当你开始能对自己温柔，可以安抚自己，你与他人的互动关系也会慢慢变得不同。如此，我们就可以进入下一个阶段：与人互动。

# 阶段六：与人互动

## 与他人的关系——建立亲密

在前面的阶段一到阶段五，其实是在做两件最重要的事：

■和自我建立关系：增加对自我的信任感、安全感、悦纳感。

■学会自我安慰与温柔的自我对待：正常化自己的"情绪重现"，并且让自己在"情绪重现"时，可以找到适合的方式，安抚自己的心。

当我们可以建立与自我的关系，能理解自己的创伤、安抚自己的情绪，我们才能够在与他人的互动中，重拾对人与世界的信任感，合理看待我的"现在"，甚至有机会展现脆弱、被接纳，而后，我们才会相信真正的自己能够被爱。

事实上，能否爱人与被爱，也就是能否与人建立亲密，和我们的自我接纳程度有关。

所谓的"自我接纳程度"，代表两个重要的部分："对世界与他人的信任感"，以及"觉得自己是否'有资格'得到他人照顾"，也就是"我能依靠你吗"与"我值得被爱吗"[1]。而这两个部分，正与前文提到的"我对世界、他人的信任感"及"内在负面标签"有关。

因此，当我们能够在前面的阶段一到五，慢慢建立起和自己新的关系、新的看待时，我们就能够撕下自己的内在负面标签，增加对自我的信任感与安全感，我们就有机会不那么害怕受伤，拼命地隐藏或保护自己，而愿意向别人敞开心扉，与他人建立亲密关系。

## 当我们失去学习建立亲密关系的机会……

不过，对于受过羞辱创伤的人而言，陌生的"他人"其实是危险的、会伤害自己的；甚至，要让自己去依靠、求助他人，这就是会让自己产生羞耻感、罪恶感与自我怪罪的事情。

因此，可能有很多受创的人，会因为害怕他人的拒绝、不接纳或伤害，或担心这样做的自己"是糟糕的"，而逼迫自己必须"完全地"独立自主，不可以依靠别人，一丝一毫都不行。

可是，这种思考与行动的僵化，是自我保护的反射动作，却也造成与他人无法有机会建立进一步的亲密关系，甚至无法让人展现对我们的爱。

我曾有这样的经验：

在我转行念心理咨询，成为心理师后，曾度过一段很不容易的时光，也经验到许多人的不看好、不支持与不认同，我并没有机会获得很多支持与帮助。因此，很长一段时间，我习惯让自己变得"有用""可依靠""能力好"，以此来获得掌控感与安全感。

因为，靠山山倒，靠人人跑，唯有靠自己是最安全、且感觉最好。我不用因为别人的拒绝帮助而觉得失望、受伤，也不用因为自己的无能或无力感而感受到羞耻、丢脸和糟糕。

后来我在工作与生活中，遇到了一个很大的挫折与低潮。但当时的我非常幸运，身边有一群好伙伴，大家帮助我渡过了难关。

其中，我非常要好的朋友，在当时跟我说了一段很感人的话：

"你真的不用一直很有用。不管你有没有用，我们都很爱你。"

记得听到这句话的我，第一反应不是感动得痛哭流涕，而是害怕地自我防卫。

当时的我，忍不住脱口而出："但是，如果我没有用，先不管你们爱不爱我，我自己就受不了自己这个样子。"

说出这句话的我，连自己都吓了一大跳。

我忍不住自问："我不是最希望被接纳、被理解，希望可以不用总是要符合别人的期待、为了别人那么努力吗？而现在，好友说的这句话，不就是我最想要的东西吗？为什么我不接受呢？"

后来我才发现，当我没办法接纳"自己是值得被照顾、被爱"的时候，我对自我是否"有资格被爱"会十分质疑，连带着，我就会质疑身边的人所给我的爱。

也就是说，如果我觉得自己不值得、还是用负面眼光看着自己、把负面标签贴在自己身上，就算有我很想要的爱与接纳在我面前，我也无法接受。

我会僵化地守着"独立自主就是好的"这个信念，而无法接受自己有需要被帮助、需要依赖的可能。

但实际上，"独立自主"与"依赖别人"不是非此即彼，而是可以弹性调整的。

因为，当我们能够在需要依赖时，愿意让别人看到我们的脆弱面，也能够在自己做得到时，照顾自己与他人，这样的弹性，才是我们在与他人建立亲密关系时，最为安全的距离。

当然，在展现脆弱或是寻求协助时，我们有可能被拒绝，但那也很好。

因为，如果我们已经有足够的自我接纳能力，就有机会从这些拒绝中，分辨"哪些人是因为暂时有困难"或"哪些人是因为觉得我不值得"，于是，我们就可以选择想要亲近的人，筛选掉那些可能只想要依靠我们的照顾，甚至利用我们的能力的人。

当然，我们也有机会从展现脆弱与寻求协助的过程中，感受到有些人是很愿意协助、照顾我们的，而我们会从他们的行动中，感受到"我是值得的"与"他是爱我的"。

这正是我们重建对这个世界的信任感，增加自我悦纳感的最棒礼物。

当然，在与他人建立亲密关系时，我们是需要冒险的，有时候，可能还是会受点伤。

不过，我们对自我接纳的程度愈高，愈懂得自我保护与选择；当我们愈来愈清楚，不需要把别人对待我们的方式，当成是自己的问题时，我们就不会因为承担过多不属于自己的责任而伤痛，也会因为这样的自我肯定而愈来愈强壮。偶尔因为冒险而出现的擦伤，我们也多半承受得住。

我很喜欢张晓风老师散文集里的一句话：

"受伤，这种事是有的——但是你要保持一个完完整整不受伤的自己做什么用呢？你非要把你自己保卫得好好的不可吗？"[2]

当我们够强壮了，愿意勇敢冒险了，我们才会明白，原来这些我们承受得起。而爱，是冒险过后，得到的礼物。

# 如何建立健康的亲密关系？——学会建立界限与尊重彼此

　　当我们想从自己过往的创伤复原时，最大的重点，是要不停地觉察自己。因为过往的防卫机制而学会的迎合、逃避、攻击或隔离情绪，以及注意不要模仿过往在创伤中被对待的方式，而用以对待别人。

　　但是，当我们在过去不被允许为自己做些什么来保护自己时，我们会害怕冲突，不习惯说出自己的感受与需求，无法建立界限。

　　"无法建立界限"是双面刃：当我们无法建立，其实也很难允许别人建立。特别是亲密的人，我们会觉得：我都是这样对你，为什么你这样对我？

　　把自己关起来，不是建立界限，而是在筑碉堡把自己困住，那并非建立关系的好方式。实际上，界限是弹性的、可表达的、可理解的，当然，也是可调整的。

## ◆学会建立界限
### ◎关于界限的迷思
　　在我前面的几本著作，谈到"情绪界限"时，都曾谈到"他的情绪不是你的责任"，也就是"情绪独立"的概念，这也是"情绪界限"最基本的概念：

"我可以有自己的情绪，而你也可以。如果我做了什么事让你不开心，我们可以讨论，可以试着理解为什么你会不开心，可是我不用因此'必须'背负要让你开心的责任，而逼迫自己要按照你的方式去做。"

也就是说，我可以去理解你为什么不开心，可以和你同在，可以不勉强你马上要好起来。但是，如果你希望我改变，而让你开心的事情，是我不容易做到的，那么我也希望你可以尊重我。

不过，关于这样的概念，在刚分享之初，很多人是无法接受的。

有些人认为，"别人的情绪不是自己的责任"这句话很不负责，好像你做了什么，别人会不开心，那都是别人的事一样。

在亲密关系中，更容易出现这样的"迷思"：如果我的情绪对你没有影响力，你要我自己负责，那是不是代表你不在乎我了，要离我远远的？

特别是，在我们的文化里，"情绪界限模糊"，也就是：我会为了你的情绪去做许多调整与改变，甚至委屈自己，这是一种认同，也是一种爱。因此，当传达"你的情绪是你的责任"时，似乎就跟宣告"我们之间没有关系""那是你自己的问题，你要想办法解决"一样的意思。

但这两者是一样的吗？

**当然不是**。（这句话很重要，拜托默念三遍。）

"别人的情绪不是我的责任"，在亲密关系中，这句话的意思是：

我还是想要理解你、了解你为什么会这样。可是我会有我的困难，可能没办法做到能让你情绪变好的事，因此我可以陪着你。你仍然对我很重要，但那不代表我一定要委屈我自己，去勉强自己做我不想做的事。

这就是**"情绪界限"的真义：我们是亲密的，却又是自主的。**

甚至，我不一定认同你的情绪、决定与想法，但是我会想听、想理解，而我也尊重你。因为你是你，因为我爱你。

因为尊重，所以我不会要求你改变和调整。我会告诉你，我的困难、我的需求，由你决定要怎么做。但相同地，我也希望你能够尊重我，不要勉强我一定要按照你的方式去做；你一样可以表达你的感受、需求与困难，可是，我能够有选择。

而你不会因为我的选择，就认为我不重视你或不爱你。你愿意聆听我、理解我，能够懂我的困难，尊重我的选择。

我认为，这才是情绪界限的真谛。

分享该怎么做到情绪界限，其实是容易的；但难就难在，我们要如何表现出界限，而不会变得冷淡、难以亲近，或是因而引发我们的罪恶感与羞耻感。

我们需要记得，建立界限，不仅仅是为了我们自己，也是为了保护关系。因为唯有我们都能够拥有自主的权利，这种亲密，才不会让我们彼此有压力。

### ◆建立界限的练习三步骤

◎停

当你与他人互动，出现不舒服的感觉时，先意识你的感受，不要马上用你的"防卫机制"或"生存策略"去反应。

通常面对这种不舒服时，"焦虑"是最先感受到的情绪。这个焦虑就会促使你的"防卫机制"——例如讨好、先答应再说、生气等反射性出现。

要打破这个循环，请先让自己平常多设立一点"软钉子"，例如先拖延说："我需要想想，再回应你"等，让自己可以找个理由，离开现场。

但不要立刻按照对方的期待或需求去做，也不要立刻就觉得对方是在恶意侵犯你的界限。

◎看

同理自己

找一个空间，让自己有机会检视一下刚刚发生的事情：

我觉得刚刚他说的话／对待我的方式／他的要求让我不舒服，是因为这个举动真的不尊重／压迫／伤害我，还是因为他的举动，让我想起曾经让我不舒服的感受？或是，是否我对他的举动做了

## 太多的解释？

如果你发现你很难做分辨，你可以想想："如果今天是朋友告诉我，他遇到了这件事，我是否也会觉得这很不妥？也会有类似的感受？"或者，你也可以考虑与朋友、身边的人讨论这样的事情，观察他们的反应，你的感觉会更加明确。

当然，有的时候，你的感觉没有任何人可以替代。但在询问他人的过程中，你可以深入去问"我有这种感觉的原因是什么"，这会帮助你理解自己出现这种感觉的原因，而更清楚这种感受其来有自。

试着去理解自己的感觉与缘由，练习对自己说出感受而不批判。接受"我的感受就是如此，虽然我还不知道'是否合理'"，特别是在你要舍弃旧标准、建立新标准的过渡期，会让你时常担心是否合理。

在这个时候，我建议你先不用担心这部分，而是先接纳你的情绪，接受"它现在就是这个样子"。你会发现，原本高涨的情绪，可能会因此而慢慢下降，而你仍然知道你的感受是什么，并未压抑。

如果是他人的要求，这时候正是让我们好好问问自己："这个要求对我是合理的吗？我想答应吗？"好好问问自己真正的感受与需求。

当我们愈了解，并且不批判地接纳自己的情绪与感受，我们也会更能够碰触自己的情绪，不再如此害怕失控。

同理他人

当你了解了自己的情绪，也接受它，你会比较有能力去换个角度，理解他人的感受与举动代表的意义。

有些人对于别人的感受或痛苦，会觉得愤怒、生气。如果你也会有这种感觉，可以问问自己：

是不是我觉得自己更痛苦、更难受，我都没有表达、都在忍耐，为什么这些人可以这么任性地表达自己、说出自己的需求，还要我配合他？

实际上，当你不能接受自己的痛苦，而认为自己"应该"要做到些什么时，面对可以跟你有不同选择的人，你会觉得不公平而愤怒，是很正常的。

因此，前面"同理自己"的步骤非常重要，因为一旦你无法了解自己的痛苦，你就不能理解别人的感受，而若无法理解别人，在跟对方沟通的过程中，就容易遇到困难。

当别人表达出自己的感受或情绪，而你时常觉得"应该"要回应、要满足对方时，对于别人的感受与情绪，你很可能就会觉得生气、被束缚。

提醒自己，并不是"非得要回应、要满足对方"。学着先让自己停一下，了解自己"愿意""想要"回应多少，并且让自己"有意识地选择"，决定想要回应的部分，这是我们学着"尊重自己的意愿"，重获"人生掌控权"的关键。

◎应

当你发现："我会有不舒服的感觉，的确是因为对方做的行为不尊重我"，那么"如何向对方表达你感觉到的不舒服"，就是你可以重新思考、练习的部分。

若你发现：其实对方的行为并不过分，只是因为他之前做过让你不舒服的事情，或者是你以前遇到过类似不舒服的事，使得你一朝被蛇咬，十年怕井绳，这时候，练习分辨"现在的感觉"或是"过去的经验"就非常重要。如此，你的愤怒、反应才不会过度，而给彼此的关系造成伤害。

若有时间，回到前面的疗愈阶段一到五，借由阶段一开始看这件事，也更能厘清。

当你面对他人的感受与需求，经过了"看"的步骤，觉得自己"想要"有限的回应，可以试着做做看。若你觉得现在的你"不想要"回应，也请练习说出自己的困难，并且拒绝对方。


上述"停、看、应"的步骤很需要长时间的练习、调整，要多给自己一些时间。

当暂时没办法做到时，请不要太过严苛地责备自己，因为"头脑都知道，但内心做不到"是我们最常遭遇的困难。那些过往没被安抚、疗愈的情绪，会在压力状态下跑出来帮我们做决定，甚至让我们下意识地做出与过往相同的选择，这都是非常正常的。

练习愈来愈了解自己、给自己一些勇气。先从"尊重自己的意愿"开始，一点一滴地调整；当你感受到自己的变化时，请给自己一点鼓励，这是你努力面对自己所得来的成果。

### ◆学习尊重：尊重自我与他人

在开始疗愈的过程中，当我们开始看到自己的伤口，过往压抑的愤怒与因遭受不公平对待而受伤的感受，有时会全部爆发出来，使得我们会对造成我们羞辱创伤的人，甚至周遭的人，有着极大、难以消化的情绪。

在这种情况下，我们可能会对于他人不能理解我们的感受，甚至不愿意认领对方丢到我们身上的羞耻感而愤愤不平、痛苦不堪。

但我们必须要清楚一件事：

不管他们愿不愿意承认，这个创伤被我看见之后，我的感受就是事实。

当他们愿意承认对我们所造成的伤害时，那很好，但那代表的并非我的创伤可以疗愈得更快，而是代表着：

我们之间的关系，有机会在这样的理解下，让彼此产生新的、不具有伤害性的互动。我不见得需要与对方多亲密，但是这能让我们都跳出如当初的羞辱创伤互动循环。

而这样的改变，会让我的生存策略不再有如此的必要性，也会让我内在的负面标签，更有被撕下的可能。

当他们不愿意承认这些伤害，甚至指责是因为我们太敏感而想要怪罪他们时，我们仍能尊重他们的看法，但我们也尊重我们自己。

意思是：原来你是这样想的。不过，我的想法与你不同。我认为这个情况对我造成了伤害，不管你有什么理由。

而当他们用尽全力要捍卫自己的安全感，只愿坚守"自己绝对没有错"或"你的感觉是错的"，而无意理解你的感受、与你做任何澄清时，你可以选择要和对方建立怎样的关系，保持怎样的距离而不受到伤害。

毕竟，你的感受，不需要经由对方的肯定才能存在，而接纳自己的伤痛，是接纳自己、建立稳固自我的第一步。

当然，也会有人经历过，与他人的关系中自认没有做什么伤害性的行为，也对对方解释过，但或许你们彼此的互动引发了对方过往的创伤，而对方认为这都是你的错。

　　我认为，这件事是很容易发生的，特别是当我们开始拿回自己的感受时，要分辨这个伤痛是"现在的事情"造成的，还是"过去的创伤未愈"所引发的，其实是非常不容易的。

　　因为对于受过羞辱创伤者而言，要接受"过去的创伤未愈"，似乎要面对"现在会有这个感觉"是因为我自己的问题，而非"别人真的对我做了什么"；但对于尚未把自我建立稳固，还对自我有许多的怀疑的人而言，要承担起这样一个责任，那就是"因为我伤还没好，所以别人跟我的互动，我有时会过度放大那些负面感受"，这是一件很恐怖的事情。

　　因为对于还卡在内在负面标签的人而言，去承担这个责任，很容易跟"都是我的错""是我不好""我好糟糕"等这些感觉扣连，引发极大的羞耻感与自我厌恶感，而对于仍然脆弱的自我来说，承担这些是很可怕的，因此会出现习惯性的防卫行为，那就是："都是别人的错""是我被亏待了"。

　　因此，去承担自己的责任，以及建立稳固的自我、去掉羞耻的内在负面标签，这两件事必须并行。

　　1　苏珊·约翰逊著，刘婷译:《情绪取向治疗全解析》，张老师文化出版。
　　2　张晓风:《只因为年轻啊》，化学工业出版社。

# 当我有羞辱创伤，怎么做，才不会延续？

## 当我发现内在的负面标签——练习与觉察

当你开始发现自己内在负面标签的影响时，让自己有机会开始练习疗愈六阶段，可以有机会让你内在的负面标签慢慢弱化。

不过，诚实地说，有些时候，要厘清情绪与面对创伤，是一件很不容易的事，因此身边有可支持的人、可信任的心理师，是能够帮助你更勇敢探索、认识自己，并且可以尝试帮自己建立新模式的关键。

当你对疗愈六阶段愈来愈熟悉，可以练习将其应用在生活中，也就是当你发现自己在与他人互动，感受到不舒服的感觉时，找个机会，让自己可以停一下、独处一下。

例如，去茶水间喝点水、去个洗手间……让自己可以处在稍微安静、独立的小空间，再问问自己："刚刚我觉得不舒服，是为什么呢？刚刚的互动发生了什么事？"当你可以这样问自己时，你的情绪会愈来愈清楚。

　　有些时候，你也会知道刚刚那个互动，是否造成了你一小段的情绪重现，或是勾起了你的内在负面标签，甚至是对人的不信任感。

　　觉察到这部分之后，有时间就可以简单地做阶段一到五，让自己有机会辨识"现在"与"过去"的不同，提醒现在的你，是拥有力量、可以选择的；然后在阶段六，找寻一个可以建立界限的好方法。

　　并且安抚自己："现在的我，可以重视自己的感受与需求。选择一个不一定要起冲突，但也能不委屈自己的互动方法。"

　　当你愈常练习，会发现你对自己的情绪敏感度愈来愈高，也会对与别人互动为何会勾起自己的反应理解更多，你也愈能安抚自己的情绪重现。

　　如此，你会发现在这样的过程中，情绪重现与内在负面标签虽然还是会出现并影响你，但你会更明白要怎么处理与安慰、安抚自己，因此，它们出现的时间就会更短，频率也会更低，你的掌控感也就会更高。

　　如此，你的防卫机制与生存策略也不再会"自动化"，因为现在你有新的方法可以安抚自己，帮助自己冷静，感到安全后，再视"现在"的情况，选择对你最好的方法。

# 当我发现我将羞辱创伤丢到别人身上

有时候，羞辱创伤不只会侵蚀我们的身心，如果我们没有练习辨识，则很有可能会把这个羞辱创伤所造成的伤害，投射到别人身上，让别人承担这个羞辱创伤的责任。

以下，我列出四种常见的防卫机制所造成的四种不同生存策略。如果你是其中一种，你应该如何去辨识并调整你的情绪重现与生存策略，减少其对自我与关系的伤害？

### ◆只有我是对的：自恋控制者与指责攻击者的新关系模式建立

遭遇创伤、面对压力时，多以"战"的方式作为防卫机制的人，生存策略大多为自恋控制或指责攻击，也就是在关系中，可能会借由指责攻击、控制他人，来满足自己的安全感与被爱的需求。

需要留意的是，虽然"自恋"在很多时候，似乎不是太过正面的用词，但这里所使用的"自恋"，意思是：我需要维持我自己良好的自我感觉，来帮助自己不被这个世界伤害，只有这样我才能强壮。

因此，这个自恋不一定是不好的，很可能因为这个自恋，让这个人能够在遭受创伤后，仍能努力维持自己的"好"，例如增进自己的能力、追求胜利与成就、维持外貌与谈吐出众……这种追求各方面的"控制感"，可以让他们自我感觉良好，能帮助他们摆脱因羞辱创伤的情绪重现所造成的内在负面标签。

只是，这种自恋与控制，在面对自己内心的匮乏时，很可能不会注意到是因为过往的创伤，而误以为是身边的人给予的爱与关注不够，因此可能会成为指责攻击者。

面对这种对爱的需求与失望，习惯"控制全场"的他们，也很有可能借由"控制他人"的方式，来增加自己对爱的掌控感与安全感。

只是，在这样的"努力"之下，很有可能会伤害自己与他人的关系。而这种靠"控制"得来的爱，也会有"得到他的人，得不到他的心"的失落感；但因为过于害怕、焦虑，使得自己很容易掉进这种"控制的爱"的关系恶性循环中。

这样的情况，常会在"情绪勒索/心理控制"的关系中看到。如果我们没有发现：利用别人来满足自己内心的不安与需求，其实是具有伤害性的，就像自己以前被对待的那样，我们就很容易会这样对待别人。

因此，为了减少这种"抓交替"的过程，如果你发现自己可能是偏向"自恋控制／指责攻击者"，可以试着这样做：

◎**冷静三步骤：练习觉察、安抚出现的负面感受与情绪，再想下一步**

要开始学习"停下来感受自己的情绪"，是让自己打破这个互动循环的第一步。当然，这就与前面提到的"疗愈六阶段"有关。

我们需要学会停下来觉察自己的负面情绪，才会知道它想要告诉我们什么。

例如：

以亲子关系而言，若你是父母，当你很希望孩子回家与你相聚，但孩子却打电话回来说因为要工作，不能回家时，原本你的习惯是指责对方不够孝顺、不想回家，但这次，我想邀请你先做这三件事：

■反应前，先停一下。

■指责对方前，先问自己要达到什么目的，并试着表达自己的需要。

■尊重每个人的自主权：拒绝，不代表不爱你。

◎反应前，先停一下

先不要马上做出反应，而是停下来先觉察你的情绪，或是写下来后，再决定下一步怎么做。

可以先含糊地回复："知道了。"挂上电话之后，厘清内在的情绪：

"我觉得好失望。我其实等了好久，他居然不回家。"

"我好难过。是不是对他来说，外面的世界比我还重要？"

"孩子是不是不爱我呢？"

做这个情绪觉察练习时，可以让自己去意识到自己真正害怕的事情是什么，辨识自己内在的负面标签，还有哪些情绪是过去的、哪些情绪是现在的，并且学会安抚自己的情绪。

以这个例子而言，当我写出自己的情绪之后，我可以问问自己：

"所以，我其实害怕的是，孩子不是不能回家，而是不想回家。我觉得只要他觉得这个家很重要，他应该会想尽办法回家才对。"

如此，如果完成了前面疗愈阶段一到五的部分，你可能会发现自己的内在负面标签"我是不被爱的，是被抛弃的"与"我是不重要的"和你的唱衰魔人应和，影响了你现在的情绪，也会让你立刻想要指责、要求对方按照你的方式去做。

这时候，请你先试着安抚自己，告诉自己：

"是他有困难，而不是因为我不重要，或是他不爱我。"

"我在他的年纪，其实也得多花一些时间在工作跟外面的世界上，因为这个年纪正是探索世界的年纪。"

"不过，他说他不回来，我的确是觉得很失望，因为我真的很想念他。"

于是，你就会知道，你的"觉得我不重要"所引发的愤怒与攻击，是过去的创伤造成的。但你的现在，其实是听到他不回来的失落与失望，以及你的想念。

**◎指责对方前，先问自己要达到什么目的，并试着表达自己的需要。**

当你清楚你现在的情绪与过往创伤有关，但与现在有关的，其实除了失望，还因为"你的想念"。能有这样的厘清，会让你在接下来的对话中减少指责。

有一个重点是：每一次你要指责、攻击对方前，你需要先想想，你想要达到的目的是什么，以及你现在的行为，是否能达到你的目的。

因为羞辱创伤的后遗症，就是在任何"危机事件"发生时，会让我们下意识用自己习惯的防卫机制去应对，但是在亲密关系中，这个防卫机制可能会无效，甚至伤害我们的关系。因此，停下来理解自己的感受与需要，并且试着表达，非常重要。

而如果你的表达，总是夹着指责与攻击，大部分人多半会不想听、不接受，或是也会防卫或攻击你。因此，试着表达出你真正的需求与脆弱，才有机会获得对方真心的理解。因此，你可以试着跟子女表达：

工作那么忙，一定很不容易，辛苦了。爸妈很想你，但是更希望你不要太劳累。如果有空回家，再跟我们说，记得好好照顾自己。爸妈很爱你。

你会这么想念儿女，希望他们回家，一定是因为对他们的爱与珍惜，那么，表达出这个珍惜，正是会让儿女感受到你们的爱，而会想念你们，有想要回家的动力。

当你不再以控制的方式要求他们，而他们愿意回家时，这才会让你真心感受到"原来你们是在意我的"，也才能得到真正的安全感。

◎尊重每个人的自主权：拒绝，不代表不爱你

有些时候，对方仍然可能会有自己的困难。练习在不安时安抚自己的情绪，告诉自己，需要尊重他们是独立的个体，而不能强迫别人按照自己的方式做，或是满足自己的需求。

不过，如果你清楚自己的需求，很多时候是因为自我困在过往的创伤里，许多恐惧与害怕，其实不一定和现在有关，而是与过去有关时，请开始进行疗愈六阶段。

慢慢地，你会发现自己的需求其实没有那么多，也没有这么需要控制别人。

当你能够表达自己的脆弱和爱，也可以获得别人真心的对待时，内心的匮乏与黑洞，才有机会弥补。

如此，彼此的关系，就不是只有伤，而是有机会开出花。


◆**我太害怕了：满足别人期待——讨好者的新关系模式建立**
◎过度讨好别人的困难

对于讨好者而言，"讨好"一直是自己减少冲突，甚至是获得人际关系的一种方式。因此，练习把注意力从"别人"拉回"自己"身上，清楚自我的感受，安抚没有满足他人需求的焦虑与罪恶感，是讨好者最重要的功课。

在这项新关系模式的练习上，可以参考前面提到的"情绪界

限”的练习。不过在这里，我要再讨论一个很容易困扰“讨好者”的部分，就是“都是我的错”的内在负面标签，也就是——习惯为他人情绪负责的罪恶感。

◎ **习惯性的罪恶感**

对于讨好者来说，处理施予羞辱创伤者的情绪，是他们让自己“安全”的方法。因此这使得讨好者很敏感于周遭的气氛、他人的情绪，并且会在他人情绪不好或气氛不好时，误以为是自己的责任。

当你遇到这种情况时，请务必提醒自己：“这不是我的责任，只是我的习惯。但现在的我是安全的，我可以选择，这不关我的事。”

请开始练习：让自己不要再去成为承担别人情绪的人，让自己有机会跳脱出过往被情绪剥削的习惯。如果发现不容易，请把注意力从别人身上拉回自己身上，问问自己：“现在我感觉如何？”“我真的想要这么做吗？”

永远不要忘记，你可以有“讨好”这个能力，但是这个能力要用在谁身上，你可以自己决定。

◎ **没有界限而被控制的自卑**

如果“讨好”是一种能力，那么为什么做得到“讨好”的你，时常会觉得自己不够好，而以他人为主呢？

因为，当我们一直把自己的能力用来服务其他人，一直要求自己要放弃自我的感受去满足他人，我们的自我会愈来愈小，我们也会觉得自己一点都不重要。

因此，做得愈多，我们会对自己愈失望，也会因而更感受不到自己的重要性。

甚至，我们会因而怨天尤人、怀疑自己的存在感，甚至对于自己被控制的状态自怨自艾，甚至会开始恨那些这样对待我们的人。

可是，这其实也有可能会出现一个盲点：

或许你身边的人并不一定这么需要你的照顾，但他却也习惯了你的照顾。当你不表达自己的感受，提出自己的需求，并且放弃使用自己的能力来满足自己，只去满足别人时，你也必须要负起自己的责任，了解会造成这个结果，的确也跟你的选择有关。

知道这个选择，并非责怪自己。而是当我们知道，原来这是我们的选择时，我们人生的主控权就不再掌握在他人手中，而是在我们自身，我们自己可以决定是否要继续这样的互动模式，或是继续这样的关系。

◎记得提醒自己："他的情绪，是他的责任，不是我的。"

对讨好者来说，时常因为习惯性的罪恶感与讨好，让自己困在责任感与"都是我的错"的内在负面标签中。讨好者需要提醒自己：唯有当对方的情绪不是你的责任时，你才有能力与力气，试着去理解对方的感受。

这并不代表我们自私，不管他人的情绪；而是，面对同一件事情，每一个人产生的因应情绪都是不同的。我们自己需要对自己产生的情绪的因应与调适策略负责，而这并非他人能够承担的责任。

但是，当这是我们的"重要他人"时，我们愿意去接纳、理解他们的情绪。

当我们放下自己对他人情绪的责任，我们才有力气能试着了解：有的时候，别人对我失望，不是因为我做错了，而是因为我对他是重要的。

例如，原本说好要回家与父母团聚的你，因为工作而没办法回家。面对父母的失望，如果一味地觉得自己需要安抚他们的心情，按照他们的方式去做，你会觉得压力很大、很有责任，反而感受不到彼此的爱，只会感受到压力与罪恶感。

但若你能够理解：因为我对他们很重要，所以我没回家，他们当然会失望。那么，或许你就有勇气跟他们讲："我虽然没办法回去，但我非常想你们。我会再找机会回去跟你们相聚。"

当抱着罪恶感或责任感，是很难做到这种"真正的情感的理解与表达"。因为光面对内心的罪恶感，甚至"我没做好"的羞耻感的啃噬，讨好者就已经左支右绌、不知所措了；甚至，可能只能用烦躁、生气等方式来"保护"自己，不让自己感觉更糟、觉得自己不好。

如此，我们怎么还能有力气去理解别人，甚至有勇气，将自己最珍贵，却也最脆弱的情绪表达出来呢？

这正是关系中最重要，也最美好的部分，只是，它时常藏在我们的防卫之后，没有被我们最重要的人知道。

这真的非常可惜。

或许，一起试着将情绪责任还给对方，练习去纯粹地理解对方、表达自己，这并不容易，但却是身为一个人，所能拥有的最美好时刻之一。

重视自我的感受并表达，是自我尊重与建立平等关系的第一步；不承担他人的情绪责任，拿回选择权，是自主、自立的第一步。

而这，正是讨好者在建立关系的新模式中，最重要的一件事。


**◆这世界一定会让我失望：追求完美者的新关系模式建立**

以"逃"的方式面对羞辱创伤的人，时常会发展出一套"靠自己最好"的生存策略。"不要跟人有关系，不要让人看到自己的弱点，也不要让别人有机会再找我麻烦，这样，我就不会再陷入过往那种羞耻感中，不用再因为自己不够好，而因此痛苦、难堪，甚至愤怒。"

他们时常带着"这世界是危险的，一定会让我失望"的心情，以及"我不够好"的内在负面标签。"逃"的羞辱创伤者，也常常会出现情绪隔离，或使用完美主义、自我挑剔，或是出现"冒牌者现象"等来保护自己。

但读到这里，可能你会有点疑惑："如果他们是'逃开'，为什么会这么积极地要求自己呢？"

前面提到，对于以"逃"为策略来面对羞辱创伤者，最大的特色就是会"控制自己"：想办法把自己的"防护网"建好。因此，"情绪隔离"当然是一种很好的防卫机制，但是，若可以把自己防护得无懈可击，这样应该更能够减少羞辱创伤带给自己的伤害。

对他们来说，如果别人认为"我不够好"会伤害到我，那我就把自己变得完美无缺，比别人挑剔我还挑剔自己、要求自己，而且不要跟任何人产生关系，这样我就不需要面对别人对我的期待、掌控，以及当我做不到时，感受到"别人对我失望"的心情。

当然，跟人保持距离，我就可以不用担心会受伤，也不用担心我会对别人失望。我可以活在自己建造的保护网中，不再受伤。

这样以"逃"为策略来面对羞辱创伤的人，最大的困难就是如何卸下防卫，与他人建立关系，以及如何了解自己的感受，知道自己真正想要的是什么。

很多时候，"逃"这个生存策略不会单独发生，而是会结合"讨好"，甚至因为压力过大，而让人逃到上瘾行为中，例如工作、打游戏、购物等。

会逃到上瘾行为中，和"逃"的人不擅长接触自己的感受、安抚自己，也不习惯借由与人建立关系来增加安全感与亲密感有关。

当我们觉得孤独，但内心又有亲密的需求时，"物质"就会变成一个被作为替代品和世界产生关系的媒介。因为和人建立亲密关系风险太高，而使用物质满足这方面的需求则相对安全。

也就是说，和"战""讨好"者"向外管理、控制"的方式不同，"逃"的方式，多半是"向内管理"。

使用所有自己能控制、不用依靠于人的方式，让自己获得安全感、自我成就感、亲密感……这样，就可以不用面对建立关系时可能的风险与失败，不用面对那些未知的不安。我的心不会掌控在别人手上，这样我就不会受伤。

不过，这样时常"情绪隔离"、对自己需要"极度掌控"，又对世界"没有信心"、不容易与人建立亲密关系的"逃"，在这样高自我要求又自我保护的情况下，时常会累积许多压力而不自知。

因此，关于"逃"的朋友，我想建议你们：

◎**建立合理的标准，听从自己身体的声音，学会放过自己**

关于"合理"的定义，其实就是让自己能有一些"可能做不到"或"没有做得那么好"的时刻。或许看到这句话，你已经浑身不对劲："为什么要这样？为什么不能自我要求？"

不过，我的提醒是，你可以问问你内心的声音：

当你的自我要求是因为"这么做，我很喜欢"，甚至是不自觉时，多半是没问题的；但若你的自我要求是因为"害怕"，且这个害怕是无法描述的，并非真的是没做到会发生什么恐怖的事情时，你可能就要先缓一缓。

对于"逃"的人，你们需要找回自己的感受以及和身体的联结，作为合理评估自己与合理要求自己的提醒，否则，你们会做得太过，让自己燃烧殆尽；也需要练习安抚自己内在的"唱衰魔人"，才能让自己不要吓自己，跌入你自己构筑的恐惧陷阱中。

因此，好好练习疗愈六阶段，对你重新找回感觉、自我安抚并且理解自己是有帮助的。

◎问问自己：我真正想要的是什么？——接触感受，展现脆弱

"逃"的人很容易在自己所建立的目标中逃跑冲刺时，忘了自己想要的是什么。因为面对压力，时常会使用"情绪隔绝"的方式，使得日常生活中有很多时候没有细修的机会，甚至因为失去感觉，会一边没有感觉地想"我到底为了什么这么努力"，但另一方面又没有办法让自己的这种状态停下来。

然后，慢慢地，我们会觉得人生没有意义，不知道为什么要活着，因而觉得迷惘、困顿、忧郁。毕竟，一直要证明"自己是足够好的，所以请你们都不要伤害我"，是一件非常辛苦的事情。如果不管今天我有多好，我都是一个人，那么，这些好真的那么重要吗？

如果你的内心仍渴望有与人联结的机会，那么需要做的，是开始试着敞开自己，让自己能够认识别人，别人也能认识你。

因为，所有亲密关系的建立（不论任何关系），都只有一个

方法：

　　当我有机会认识你、理解你，了解你内心的脆弱与无法向人分享的心情，我会感觉到自己被你信任，而与你"同在"。那种联结，是任何事物都无法替代的。

　　而当你有机会分享自己的脆弱、接触自己的情绪时，你才会感觉到，自己活得像人，而不是像机器人一样，每天做着一样的事情，达到许多目标；当你有机会让别人理解你，同时也能理解别人时，当你愿意分享自己，也愿意接受别人对你的照顾时，这其实就是让你感受爱，也让你感受到自己存在的意义。

　　因为，别人愿意照顾你，不是因为"你给他们造成了麻烦"，而是因为"他们爱你，所以他们愿意"。

### ◆世界真的好可怕，我摆烂就好：上瘾、自我隔离者的关系建立

　　在面对羞辱创伤时，"上瘾行为"或"自我隔离"是"僵"模式的人们很容易出现的生存策略。特别是：因为感受到自己无法应付这个世界的困难状态，因此使用各种物质来麻痹自己，或是让自己与这个世界不要有任何互动，甚至让自己躲起来、茧居，减少对世界与对自己的失望感。

　　实际上，如果使用"僵"模式来应对羞辱创伤者，可能是在这四种情况中，看起来生活最失去其功能的。

因为那种想要"与世隔绝"，让自己整个躲起来的状况，是类似"退化"——回到母亲子宫的状态。但如果这个状况持续太久，会让自己更难与他人、与自己产生好的关系。

只是，原本会使用"僵"策略的人，就是属于很少有外在世界的正向联结经验，也很少对自己的力量有正向感受的人；而若"僵"的策略使用太久，更容易让自己产生更大的无力感，而出现自我放弃的状况。

而且，"僵"模式很容易陷入物质依赖的上瘾行为，而上瘾行为，在现在社会又是很容易被贴上"糟糕""无法自我控制"的标签。因此这样的情况，就会产生一个难以破解的恶性循环。

对于"僵"模式的人所需要的协助与资源较多。但首要的，是"联结"——建立你与自己还有他人的联结关系。实际上，要破除上瘾行为，最大的方法就是"联结"，因为只要有新的联结可以提供上瘾行为提供的好东西，上瘾行为就有机会被放弃。

更何况，对于"僵"的人来说，能够感觉自己被爱、被信任，会让他们有机会相信自己是好的，也才有机会从自我封闭、自我放弃的泥淖中脱离。

电影《流浪猫鲍勃》其实就是在讲述这样的故事：当主角捡到了一只猫之后，他努力想要戒除毒瘾，好好地和猫在一起并照顾它。

我们不一定有办法马上和别人产生联结，或是立刻养一只宠物，但是，我们可以和自己产生联结，建立与自己的良好关系。

　　若你愿意，开始疗愈六阶段，重新找回自己的感受，撕下自己的负面标签，也开始学会疼惜自己。如此，你有机会找回自己的力量后，请问问你自己：我想成为一个怎样的人。

　　当你身边有爱时，不要急着推走，不要急着觉得自己不配。那些拒绝与不信任，传达的信息不只是你不够好，而是就像跟对方说："你给的东西不够好，所以我不要。"

　　我相信这不是你的意思。所以，试着接受别人对你的爱与帮助，好吗？

　　或许暂时，你会需要比较多的资源来帮助你脱离泥淖，但是，那不是因为你不够好，而是因为有很多人，相信你是好的。

　　开始进行创伤知情与疗愈，找专业的心理医疗资源多方协助自己……试着去练习了解羞辱创伤对你的影响，会比不去看对你有帮助。

　　因为当你不去看，那些羞辱创伤的伤痛，会成为你自己的秘密耻辱，反而会回过头一直伤害你。你必须知道，"发生在你身上的事情很糟糕，但并不是你很糟糕"，这是你开始合理地认识自己的第一步。

　　当你有机会改变对自我的看法，知道自己并没有因为外在的这些事件的发生而变得不好，学会自我接纳后，你才会相信，现在的世界，不会像以前这么糟，你会受伤，但也会遇到爱你的人。

重点是：现在的你，是撑得住这些的。因为，你陪伴着自己，和自己站在一起。

你没有放弃你自己。

这是最重要的。

## 一起把内心那个"好的自己"找回来——你知道吗？这不是你的错

在这本书的最后，我想要分享一部我很喜欢的电影：《心灵捕手》（*Good Will Hunting*）。

《心灵捕手》中的主角，从小受虐、穿梭在不同寄养家庭的天才年轻人威尔，是一个标准的受过"羞辱创伤"的孩子。他拥有许多人羡慕的才华，却用着非常暴躁、带刺的方式，拒绝这个世界，嘲笑着这些大人。

对于自己的才华，威尔自大着，却也自卑着。他可以很轻易地做到别人，甚至知名数学教授都做不到的事。那些别人极为看重、珍惜的事情，对于他来说易如反掌；但他真正想要的东西，得到却如此困难——想要真心感觉自己是有价值、是好的；能说出自己是需要爱的，也能够好好爱人。

不再被内心的自卑、不安绑架，然后反过来，疯狂地攻击身边所有人——特别是重要的人。

当威尔听到女友要去加州念医学院，即使女友邀请威尔同行，但这件事还是造成了威尔的"情绪重现"：他的内在负面标签"我不被爱"与"我会被抛弃"所造成的不安全感、羞耻、愤怒等情绪向他席卷而来，于是威尔就做了他最擅长的事情：关闭自己的感觉，对自己所爱的女友说："我不爱你。"

在自己受伤前，先拒绝别人、拒绝这个世界，"这样我就安全了，我就不再受伤了"。

过去被家暴与穿梭于不同寄养家庭的创伤经验，让威尔心里一直有这样的害怕："我真能相信你的爱吗？在我被抛弃、伤害这么多次后，我怎么能相信，你跟别人真的不同？我怎么能告诉你，关于我的痛苦与脆弱，而不怕你看不起我、嘲笑我？"

因此，他竖起了他的防卫保护网：冷酷、无感、拒绝。

"在世界抛弃我前，我先拒绝这个世界，这样，我就不会受伤。"

因为无法承受带着期待而又再度受伤的感受，因此，他宁愿先拒绝对方，即使爱他的人，可能因而受伤离去，他也在所不惜。

威尔也戏谑地嘲笑着每个羡慕他的才华，想要他的才华的大人们，嘲笑着他们的"想帮忙"。强烈的自卑与不安，让他必须相信：现在的我很好，我不需要你们，我现在就很好了。

但内心的无底深渊总在他毫无防备时，把他整个人拉下去。

在心理学教授尚恩的真诚与理解中，威尔渐渐开放了自己。当尚恩与威尔谈到过往被继父毒打的受虐经验时，尚恩很认真地对威尔说："这不是你的错。"威尔从假装无所谓地回答"嗯，我知道"到崩溃大哭，抱着尚恩说："我真的很抱歉。"

那时的眼泪，才是原谅自己的眼泪。

看着电影的这一幕，我湿了眼眶。

主角威尔，是一个遭受家暴、承受着沉重的羞辱创伤的孩子。当心理师慢慢陪着他、带着他，让他有机会重新回到自己的创伤经验时，那句"这不是你的错"，是理解，也是哀悼。

这是理解，理解那时候的你有多痛，理解并不是你真的做错了什么，因为没有任何的错值得那样的痛打；这也是哀悼，哀悼当时你遇到了无法好好对你的人，让你受到这样的创伤，遭受这样的伤痛。

那真的很痛，不只是你的遭遇，还包含你身边的人，他们没有能力提供给你更好的环境与对待。

可是，你知道吗？这真的不是你的错。

不够好的不是你，是你当时遭遇的事。

就如同电影中，心理学教授尚恩与数学教授争论，怎样对威尔最好时，尚恩说："他是个好孩子。"

他是个好孩子，只是他并不知道、并不相信，所以他用坏的样子掩饰自己。

其实，他只是为了让自己不再受伤而已。

那让我们一起把那个好的威尔找回来吧！

*Good Will Hunting*，这就是电影的剧名。

而更加动人的，是威尔的好友查克，看着拥有才华的威尔迟迟不敢去面对时，对威尔说的一番话：

"你是我的死党，所以别误会。如果二十年后，你还住在这儿，到我家看球赛，还在盖这该死的房子，我会他妈的杀了你。那不是恐吓，我会宰了你。你拥有我们没有的天赋。"

"哦！拜托，为何大家都这么说，难道是我对不起自己吗？"

"不，你没有对不起自己，是你对不起我。因为明天醒来我五十岁了，还在干这种事，那无所谓。而你，已经拥有百万彩券，却窝囊地不敢去兑现。我会不惜一切交换你所拥有的，其他这些人，也是。你再待二十年是污辱我们，窝在这里是浪费你的时间。"

"你懂什么？"

"我告诉你我懂什么。我每天到你家接你，我们出去喝酒打闹，那很棒。但我一天中最棒的时刻，只有十秒。从停车到你家门口，每次我敲门都希望你不在了。不说再见，什么都不用说，你就这样离开了。我懂得不多，但我很清楚。"

能够拥有这样的爱，威尔，仍是个幸福的人。

面对羞辱创伤、重建自我与他人关系的过程，是一件很不容易的事。我们需要重新认识自己，找回自己真正的感受，建立对自我的同理心，以及重建对这个世界的信任感。

要做到这些，第一步，是先看到自己的伤，并且抱抱一直很努力的自己。

不要忘记：

不是"你很糟糕"，而是"发生在你身上的事情很糟糕"。

当你因为勇敢面对，看见自己的伤而流下了眼泪，这不是软弱，而是对自己一路上独自努力撑过来的理解与拥抱，也是对过去伤口的疗愈。

伤是真的，或许要再度信任别人是困难的，但当你愿意再给自己一个机会，重新学会信任自己、信任身边的人时，爱，将会是你最好的礼物。

祝福你我。